高等院校设计学类专业系列教材

家具与陈设

第二版

韩 勇 主编
李 响 匡富春 副主编

Art
and
Design

化学工业出版社

·北京·

内容简介

本书适应我国家具与陈设设计行业的不断发展，及其对专业人才的培养需求，内容涵盖家具与室内陈设概论、家具与室内陈设的发展及风格特征、人体工程学与家具功能设计、家具的造型设计、家具的材料与结构设计、家具与室内陈设设计的程序与方法等。在章节编排上，注重理论与实践相结合，系统梳理家具与陈设的关系，对家具与室内陈设所涉及的艺术和技术等方面的内容予以充分的安排，并通过经典设计案例解析，让读者能够全面而直观地掌握家具与陈设的知识。同时，在各章节中引入国内外诸多家具与陈设的新观念、新成果，以反映出当代家具和陈设行业的最新科技及文化成就，以及新兴学科和交叉学科的内容。

本书适用于工业设计、室内设计、家具设计、建筑设计、陈设设计等多个相关专业或专业方向本、专科的教学，同时也可以为家具企业、设计公司的专业工程技术与管理人员及相关爱好者的培训或学习提供参考。

图书在版编目（CIP）数据

家具与陈设／韩勇主编；李响，匡富春副主编．—2版．—北京：化学工业出版社，2024.4

ISBN 978-7-122-44896-5

Ⅰ．①家…　Ⅱ．①韩…②李…③匡…　Ⅲ．①家具－设计②家具－室内布置　Ⅳ．①TS664.01②J525.1

中国国家版本馆CIP数据核字（2024）第071043号

责任编辑：张　阳　　　　　　　　　　　装帧设计：尹琳琳
责任校对：李露洁

出版发行：化学工业出版社（北京市东城区青年湖南街13号　邮政编码100011）
印　　装：河北鑫兆源印刷有限公司
787mm×1092mm　1/16　印张11　字数241千字　　2024年7月北京第2版第1次印刷

购书咨询：010-64518888　　　　　　　　　　售后服务：010-64518899
网　　址：http://www.cip.com.cn
凡购买本书，如有缺损质量问题，本社销售中心负责调换。

定　　价：59.80元　　　　　　　　　　　　　版权所有　违者必究

前言
PREFACE

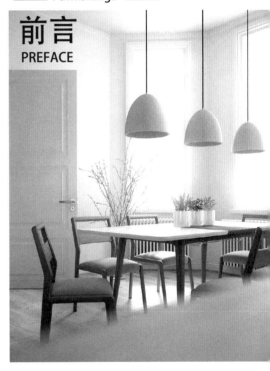

家具与陈设艺术是现代生活方式的载体，也是人们生活的必需。它如同建筑、绘画、音乐一样，伴随着人类的文明诞生、发展，成为我们生活和社会活动不可或缺的重要部分。随着科技的进步与时代的发展，家具与陈设艺术已不单纯是简单的日用消费需求，它们作为一种文化现象，已经成为集实用与艺术价值于一体的全新消费方式，既能满足大众基本使用需求，还能提升空间意境，丰富人的感官体验与享受。

　　人类的一切文化都是从造物开始的。家具设计与陈设艺术是人类造物活动的一个重要的组成部分。西方家具从古埃及和古希腊时期开始，至今已有5000多年的历史。家具的样式也由古埃及、古希腊、古罗马式发展到拜占庭、哥特式……随着人类文明的演进而逐步由粗至精，由简至繁，最后又回归至简。自1870年第二次工业革命以来，家具进入工业化生产阶段，开启了西方现代家具的历史，特别是在第二次世界大战以后，西方现代家具在设计和生产技术上都趋向成熟。

　　我国家具的发展，经历由"席地而坐"到"垂足而坐"的过程。从汉代开始，胡床进入中原地带，到南北朝时期，高型坐具陆续出现，垂足而坐开始流行。宋代开始完全进入垂足而坐的时代。元、明、清各朝代，对家具的生产、设计要求更加精益求精，尤其是明清两代的红木家具，已成为世界瞩目的艺术瑰宝，达到了鼎盛。新中国成立后，特别是改革开放以来，中国家具发展迅速，家具产业进入市场化的发展轨道，在新技术、新材料、新思潮的推动下，逐步形成了具有东方特色的家具体系，在国际家具舞台上绽放出奇光异彩。

　　室内陈设艺术又称软装设计，指在不改变建筑物及室内原有结构的基础上，对空间中可移动、可拆换的陈设物品进行二次设计和强化。陈设艺术依托室内设计和家具的摆设，根据空间的功能类型、审美需求等要素，如室内的空间布置、光线、色彩、风格以及家具的形态、数量等，巧妙设计，营造出具有高舒适度、高艺术性、高品质的室内环境，形成新的视觉效果。陈设艺术不是独立存在的，而是要通过它起到一定的强化和补充空间功能的作用。不同的陈设艺术品配合室内空间的整体氛围，能满足人们对物质功能和精神功能的需求。特别在现代社会，伴随着社会的发展和人民物质生活水平的提高，人们对环境的要求越来越高，如何借助家具与陈设艺术创造一种更加合理、舒适、美观的室内环境，是设计师们需要研究的课题，也是我们要编写这本教材的初衷。

　　在新时代，随着科技的进步和人们审美观念的变化，家具与陈设在设计、功能和材料选择方面也在发生深刻的变化。家具与陈设设计的发展趋势呈现出智慧化、模块化、生态化和民族化的特点。作为新时代的设计师，我们需要时刻关注家具产业的可持续发展，推动环保和节能技术的应用；我们必须坚定文化自信，将传统文化元素融入现代家具与陈设设计中，打造出具有国际视野和民族特色的作品。

　　本教材第一版于2017年出版，第二版在第一版基础上进行了全新改版修订。全书由青岛理工大学艺术与设计学院博士生导师韩勇教授主编和统稿，其中第1、2、3、6章由三明学院艺术与设计学院李响老师编写，第4、5章由青岛理工大学艺术学院匡富春博士编写。编写过程中，大量翻阅了中外家具史和前沿陈设艺术信息，结合团队成员所做的课题研究，对在现今及未来家具与陈设实践中相关问题，提出了独到看法和解决方法。因时间仓促，难免有疏漏之处，敬请广大读者不吝赐教。

编著者
2024年3月

目录

Contents

1

概论

学习目标

1. 全面理解家具与陈设的基本概念、内涵、分类。
2. 初步了解家具与陈设的设计原则及相关标准，培养专业精神。
3. 明晰家具与陈设二者之间的关系，从整体上认知本课程框架。

1.1　家具设计概述

1.1.1　家具的概念

家具，又称家私、家什等，是家用器具之意。其英文为furniture，出自法文fourniture，即设备的意思。西语中的另一种说法是，来自拉丁文mobilis，即移动的意思。一般来说，家具是指为人类生产、生活以及社会活动提供坐、卧、凭倚、贮存或者分隔等功能的一类器具。就广义而言，现代家具已经延伸至整个人类生存的环境系统，成为维持人类正常生产、生活和开展社会活动不可或缺的重要器具之一。

家具同属于工业设计和环境设计的范畴，其作为室内空间的主要陈设，服务于人类活动，既具有实用性，又具有装饰性，与室内环境系统构成一个有机的整体。

随着人们物质生活水平的提高和精神文化生活的丰富，对于家具的种类、造型和品质等均提出了更高的要求。因此，现代家具设计实质上是以家具为物质载体，在为人类活动提供便利的基础上，满足人们的精神文化需求，赋予其更深层次的非物质内涵（图1-1-1）。

> 图1-1-1　兼具实用与美观功能的餐饮空间桌椅组合

1.1.2　家具设计的内涵

现代家具设计是工业设计的一个重要方面。而工业设计是工业时代的产物，是融合自然科学与社会科学，综合技术、艺术、人文、环境等因素的系统工程，其本质在于通过系统的思想与方法，创造一个"人–自然–社会"相协调的良好系统，提升人们的生活品质。从某种意义上讲，这种系统工程的思想为家具的设计从整体上、全局上把握各种因素提供了一种行之有效的设计方法。

现代家具设计正是在对消费者需求、市场环境、技术环境、设计思潮和流行趋势等因素综合把握的基础上，进行的产品功能、造型、结构等方面的系统设计，使产品的各项功能相互间建立起有序的联系，形成完善的组织系统，使之为人类生活、工作和休闲创造便利、舒适的物质条件，并在此基础上满足人们精神、审美、文化等更高层次的需求（图1-1-2）。随着科技的进步与时代的发展，特别是信息时代的来临，家具已不单纯是简单的日用消费品。它作为一种文化现象发展到今天，已经成为现代人类生活中调节空间氛围的艺术品、装饰品，是融艺术与实用价值于一体的全新消费品。

总体而言，现代家具设计的内涵是多方面的，主要包括功能设计、造型设计、结构设计、工艺设计、包装设计和经济效益分析等方面（图1-1-3）。

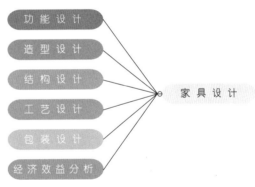

> 图1-1-2　现代家具构成舒适、轻松的办公环境　　　> 图1-1-3　现代家具设计的内涵

1.1.3　家具的分类

现代家具的形式多样，功能各异，应用环境广泛，在设计生产过程中选用的材料和工艺也各不相同，因此，我们不可能用一种单一的方式将其进行分类。根据家具发展的现状，从家具的基本功能、使用环境、结构特点、风格特征、设置形式、材料构成等几方面进行分类。

（1）按基本功能分

① 支承类：直接支承人体，如椅、凳、沙发、床、榻等坐具和卧具（图1-1-4）。

> 图1-1-4 支承类家具

② 凭倚类：供人凭倚或伏案工作，并可贮存或陈放物品（虽不直接支承人体，但与人体尺度、活动相关），如桌、几、台、案等（图1-1-5）。

> 图1-1-5 凭倚类家具

③ 贮存类：贮存或放置各类物品，如橱、柜、箱、架等（图1-1-6）。

> 图1-1-6 贮存类家具

（2）按使用环境分

① 民用家具：指家庭用家具，主要有卧室家具、门厅家具、客厅家具、餐厅家具、厨房家具、书房家具、卫生间家具、儿童家具等。

② 办公家具：写字楼、办公室、会议室、计算机室等用家具，如文员桌、班台、班椅、会议桌、会议椅、文件柜、OA办公自动化家具（office automation furniture）、SOHO家庭办公家具（small office & home office furniture）等。

③ 宾馆家具：宾馆、饭店、旅馆、酒店等用家具。

④ 学校家具：制图室、图书馆、阅览室、教室、实验室、标本室、多媒体室、学生公寓、食堂餐厅等用家具。

⑤ 医疗家具：医院、诊所、疗养院等用家具（图1-1-7）。

⑥ 商业家具：商店、商场、博览厅及其他服务行业等用家具。

⑦ 影剧院家具：会堂、礼堂、报告厅、影院、剧院等用家具。

⑧ 交通家具：飞机、列车、汽车、船舶、车站、码头、机场等用家具。

⑨ 户外家具：庭院、公园、广场等室外或半室外用家具（图1-1-8）。

> 图1-1-7 医疗家具　　　　　> 图1-1-8 庭院户外家具

（3）按结构特点分

① 按结构方式分

a.固定式家具：零部件之间采用榫结合（带胶或不带胶）、连接件结合（非拆装式）、胶接合、钉接合等形式组成的家具。

b.拆装式家具：零部件之间采用圆榫（不带胶）或连接件接合等形式组成的家具，如KD拆装式家具（knock-down furniture）、RTA待装式家具（ready-to-assemble furniture）、ETA易装式家具（easy-to-assemble furniture）、DIY自装式家具（do-it-yourself furniture）、"32mm"系统家具等（图1-1-9）。

> 图1-1-9　拆装式家具

c.折叠式家具：采用翻转或折合连接而形成的能够折动或叠放的家具统称为折叠式家具，此类家具运用平面连杆机构的原理，以铆钉、转轴等五金件将产品中各部分（杆件）连接起来。折叠式家具不用时可以折动合拢，占地空间小，便于存放和运输；同时，由于其主要部位由许多折动点连接而成，因此其造型与结构受到一定的限制，不能太复杂（图1-1-10）。

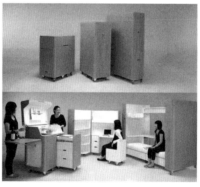

> 图1-1-10　折叠式家具

② 按结构类型分

a.框式家具：以实木零件为基本构件的框架结构家具（分非拆装式和拆装式），如实木家具等。

b.板式家具：以木质人造板为基材和五金连接件接合的板件结构家具（分非拆装式和拆装式）。

c.曲木式家具：以弯曲木结构（如锯制弯曲、实木方材弯曲、薄板胶合弯曲等）为主的家具（图1-1-11）。

d.车木式家具：以车木或旋木结构为主的家具（图1-1-12）。

> 图1-1-11　曲木椅

> 图1-1-12　车木式家具

③ 按结构构成分

a.组合式家具：指单体组合式家具、部件组合式家具、支架悬挂式家具等。

b.套装式家具：指几件或多件结构相似的整套式家具。

（4）按风格特征分

① 西方古典家具：如英国传统式（安娜式）家具、法国哥特式家具、巴洛克式（路易十四式）家具（图1-1-13）、洛可可式（路易十五式）家具、新古典主义式（路易十六式）家具、美国殖民地式（美式）家具、西班牙式家具等。

② 中国传统家具：明式家具（图1-1-14）、清式家具等。

> 图1-1-13　巴洛克式小桌

> 图1-1-14　中国传统明式圈椅

③ 现代家具：指19世纪后期以来，利用机器工业化和现代先进技术生产的一切家具［从1850年托奈特（M.Thonet）在奥地利维也纳生产弯曲木椅起］。由于新技术、新材料、

新设备、新工艺的不断涌现，家具设计与生产获得了丰富的物质及技术基础，同时由于新思想的出现，家具设计有了长足的进步和质的飞跃。其中，包豪斯式家具、北欧现代家具、美国现代家具、意大利现代家具等各有特色，构成了现代家具的几个典型风格（图1-1-15、图1-1-16）。

> 图1-1-15　巴塞罗那椅　　　　　　　　　　> 图1-1-16　北欧现代茶几

（5）按设置形式分

① 自由式（移动式）家具：可根据需要任意移动、推移或交换位置放置的家具。

② 嵌固式家具：嵌入或紧固于建筑物或交通工具内的家具（build-in furniture），又称墙体式家具。

③ 悬挂式家具：利用连接件挂靠或安放在墙面上或天花板下的家具（分固定式或活动式）。

（6）按材料构成分

① 木质家具：主要以木材或木质人造板材料（如刨花板、纤维板、细木工板等）制成的家具，如实木家具、板式家具、曲木家具、模压成型家具、根雕家具等。

② 金属家具：主要以金属管材（钢、铝合金、塑钢、不锈钢等圆管或方管）、线材、板材、型材等制成的家具，如钢家具、钢木家具、铝合金家具、塑钢家具、铸铁家具等（图1-1-17）。

③ 软体家具：主要是以海绵、织物、弹簧、皮革等软质材料制成的家具，如沙发与床垫等。

④ 竹藤家具：主要是以天然竹材或藤材制成的家具，如竹家具、藤家具等。

⑤ 塑料家具：整体或主要部件用塑料加工而成的家具。

⑥ 玻璃家具：以玻璃为主要构件的家具。

⑦ 石材家具：以大理石、花岗岩等天然石材或人造石材为主要构件的家具。

⑧ 其他材料家具：如纸质家具、陶瓷家具等新型家具种类（图1-1-18）。

> 图1-1-17 现代金属家具

> 图1-1-18 新中式陶瓷鼓凳

1.1.4 家具设计的原则

（1）实用性

实用性是家具设计的首要原则。家具产品的设计首先应突出其直接用途，能够满足使用者及使用场所的特定需求。家具的形状和尺度都应符合人体的形态特征，适应人体的生理条件，以满足不同使用需求，如休闲座椅相比工作座椅，其坐宽、坐深尺寸更大，舒适度也更佳，可以最大限度地消除人们的疲劳。同时，家具的实用性还体现在产品的品质高、结构稳定、坚固耐用等方面。

（2）艺术性

所谓具有艺术性，是指家具设计不仅满足使用功能，还具有一定的欣赏价值，使人们在视觉上和精神上得到美的享受。家具产品的艺术性不仅体现在形式、色彩和装饰等方面，更重要的是要将艺术风格的文化内涵通过提炼和再设计的手法融入家具设计之中。同时，家具设计的艺术性还体现在内涵创新上，既要传承传统文化内涵，又要表现时代特征和前沿思想，如此才能不断推陈出新，满足多样化的市场需求（图1-1-19）。

> 图1-1-19 实用又美观的现代家具

（3）工艺性

工艺性是生产制作的需要，为了在保证质量的前提下尽可能提高生产效率，降低制作成本，产品应线条简朴、构造简洁、制作方便，在材料使用和加工工艺上，应尽可能采用可以拆装或折叠的产品结构，零部件间实现规格化、系列化和通用化，通过机械化与自动化的连续加工，减少劳动力消耗，降低生产成本，提高劳动生产率。

（4）经济性

家具是国内外市场上交易的大宗商品，是消费者生活中不可缺少的实用器具。所以，在家具设计时应注重它的经济性，以提升家具产品的市场竞争力。设计者与生产者应加强市场调研与预测，在掌握国内外家具生产形势和市场行情的基础上，从产品的结构、工艺和材料等诸多方面综合考虑，合理有效地降低成本、提升质量，设计生产出适销对路、物美价廉的家具产品。

（5）安全性

> 图1-1-20　安全环保的原木儿童家具

生命安全与环境保护已成为现代人生活中高度关注的问题，所以家具产品的安全性也是设计过程中不可小觑的环节。家具的安全性主要体现在两个方面：其一，家具产品必须具有足够的力学强度与稳定性；其二，家具产品的板材、涂料、胶料等需具有环保性。这也要求设计者和生产者按照"绿色产品"的要求来设计与制造家具，除了家具本身能够符合标准中规定的各种性能指标之外，更应从设计、生产、包装、运输、使用到报废处理的各个环节，使产品最大限度地实现资源优化利用、减少环境污染（图1-1-20）。

（6）系统性

产品作为人类智慧的结晶，是由技术、环境、需求等若干相互联系的要素构成的集合体。而产品设计就是通过一定的结构形式、规律或次序构建这一集合的过程。因此，作为工业产品的重要构成元素，家具设计应以科学的系统思想为基础，强调相关产品与相关因素的系统性和有机整体性，通过系统分析、综合等方法，从整体上把握人、产品、环境三者之间的关系，使各构成要素之间相互协调，满足使用者的需求。

家具的系统性主要体现在以下三个方面。

一是产品的配套性，任何家具都不是独立存在的，应考虑产品与其他家具和器物之间的协调性与互补性，将设计与整个空间环境的整体氛围营造和功能规划紧密相连。

二是产品的综合性，家具设计不只是绘制产品效果图或者结构图，家具是由产品的功能、结构、人因、形态、色彩、环境等诸要素以一定结构形式联结构成的综合体，因此设计应通过系统地分析、处理，整体地把握各要素之间的关系，全面系统地设计。

三是标准化，这主要针对产品的生产与销售两个环节而言。现今随着人们对于个性化设计的追求，小批量多品种的市场需求与现代工业化生产的高质、高效性逐渐成为困扰企业发展的一大矛盾。在这种情况下，家具设计往往容易误入两条歧途：一种做法是回避矛盾，即不做详细设计，直接进入生产环节，由一线工人根据经验自由发挥，生产过程与最终效果处于黑箱状态，无法控制；另一种是重复设计严重，设计师周而复始地重复着简单而单调的结构设计工作，既消耗了设计人员大量精力，又难免不出差错，而且对设计人员来说缺乏挑战性工作容易逐渐抹杀掉其工作激情，并产生厌倦情绪。而系统化与标准化设计是把设计师从机械的重复性劳动中解放出来的有效途径，它主要是以一定数量的标准化零部件与家具单体构成企业的某一类家具标准系统，通过其有效组合满足客户不同需求，以缓解由于生产品种过多、批量过小给生产系统造成的压力。

（7）创造性

设计的核心就是创造，设计过程就是创造过程。通过创造性设计家具的过程，不断拓展家具的新功能、新材料、新工艺、新构思等，同时新材料、新技术、新结构的出现也促进家具的创造性设计。现代家具不仅仅是我们生活的必需品，更作为一种装饰品、一种个人品位的象征，要受到社会时尚的影响与支配。现代家具无论在造型、种类还是色彩、材质上都更加多样化、更加新颖。创新性的设计才是现代家具设计发展的动力和源泉，才能更加适应现代社会的发展趋势和不断变化的人类生活方式。人的创新能力往往以其吸收能力、记忆能力和理解能力为基础，通过联想和对平时经验的积累与剖析、判断与综合发展而来。一个有创新能力或创造力的设计师，应掌握现代设计的基本理论和设计方法，应用创造性设计原则进行新产品的开发设计工作（图1-1-21）。

> 图1-1-21 猴尾巴椅

（8）可持续性

可持续性设计不仅关注人类的生存环境，还有自然资源的持续利用和保护。家具是应用不同的物质材料加工而成的，而木材和木质材料又是最主要的家具材料。因为木材具有最佳的宜人性，具备天然的视觉效果和易于加工的优质特性。但随着人类的肆意砍伐，森林资源急剧减少，而且优质木材的生长周期长，因而更加珍贵。设计者应遵循可持续性及绿色设计4R原则（reduce减量利用、reuse重复利用、recycle循环利用、re-grow再生资源利用）的基本要求，从材料选择、家具生产、家具包装等诸多环节有效保护环境，减少资源消耗。例如在家具设计时应尽量以速生材、小径材为原料，减少大径木材的消耗。对于珍贵木材应采用合成加工的形式，以提高珍贵木材的利用率，对珍贵树种应做到有节制和有计划地采伐，以实现人与自然的和谐发展和木材资源的持续利用（图1-1-22～图1-1-24）。

> 图1-1-22　速生材料环保家具

> 图1-1-23　旧物回收制成的"PP胶囊"软凳子

> 图1-1-24　可以回收利用的现代纸质家具

1.2　室内陈设设计概述

1.2.1　室内陈设设计的概念

室内陈设设计又称室内装饰设计、室内软装设计等，指在不改变建筑物及室内原有结构的基础上对空间中可移动、可拆换的陈设物品进行二次设计和强化，根据空间的功能类型、审美需求等要素，营造出具有高舒适度、高艺术性、高品质的理想室内环境（图1-2-1）。

1.2.2　室内陈设设计的内涵

室内陈设设计是个古老而现代的话题，它伴随着人类文明从远古走到现代。早期的人类社会在进行原始的宗教仪式时，可能要依靠一个图腾，如何放置这个图腾，也许就萌发了最初的陈设意识。室内陈设设计在人类的发展过程中，不断地完善并逐步形成了相对独立的体系。而在现代社会，随着人们物质生活水平的不断提高，室内陈设在满足人们生活需求、休

> 图1-2-1 现代室内陈设设计

息等基本要求的同时，还必须符合审美的原则，形成一定的气氛和意境，给人们带来美的享受。

在室内空间中，陈设既独立，又依赖于周围的空间关系而存在。它最通俗的解释就是陈列、摆设。陈列、摆设的过程，就是陈设设计的具体体现。室内陈设设计是陈设物品在空间里的组织和规划，旨在调动空间中一切可能的媒介，强化空间的审美效果，丰富人们对视觉空间的感性认识，展示空间特定的品质及个性。

因而，室内陈设设计是装饰和美化建筑环境的一种艺术手段，是在室内设计的整体创意下，进一步深入具体的设计工作。在室内陈设设计中，整体与局部、局部与局部都必须在艺术效果的要求下，充分发挥各自的优势，共同创造一个高使用性的室内环境（图1-2-2）。

> 图1-2-2 自然、舒适的服装店室内陈设设计

1.2.3 室内陈设设计的分类

室内陈设设计作为室内设计的补充和升华，在室内设计中有着举足轻重的作用，为满足现代人多样化的生活要求，其内容也日益丰富，主要包括以下几大类。

（1）建筑构件陈设

建筑构件陈设主要指建筑内部空间中不可移动的、具有显著装饰效果的柱、门、窗、窗帘盒、洞口、壁炉、电梯、楼梯、扶手、暖气罩、通风口等构件的陈设。虽然这些建筑构件所占面积不大，但是可以通过不同造型与材质的建筑构件装饰美化室内空间环境，创造出具有节奏感、序列感的空间层次（图1-2-3）。

> 图1-2-3　楼梯扶手陈设设计

（2）室内界面陈设

室内界面陈设是指室内空间中顶面、地面、墙面、隔断等的陈设，即固定的陈设。室内界面陈设必须服从于整体空间定位，处于辅助地位，但各界面陈设是否得当也关系到整个室内环境，因此也是不能忽视的陈设要素之一。

（3）室内家具陈设

家具是室内陈设的主体，同时也是陈设设计的重点。家具陈设既是室内空间中必不可少的实用器具，又是具有观赏和美化作用的装饰器具。室内家具陈设应以空间整体风格为前提条件，并加强空间风格特征，以营造出和谐统一的室内空间。

（4）室内饰品陈设

室内饰品陈设可以分为装饰性陈设和实用性陈设，现代饰品大多兼具了以上两种功能类型。如日用器皿、花瓶、灯具、织物等陈设物，不仅能够为人类生活提供便利，还能够增强室内环境的视觉效果，提升空间格调品位。不仅如此，饰品陈设作为室内环境中最易于变更、易于增减的设计元素，逐渐成为室内陈设的"主力军"，对室内陈设艺术有着至关重要的影响（图1-2-4）。

> 图1-2-4　简约风格室内饰品陈设

（5）室内绿化植物陈设

现代人厌倦了钢筋水泥的城市，渴望回归清新淳朴的自然，因此绿化植物成为现代室内环境中常见的装饰陈设。大到参天的室内树，小到桌面上的绿叶植物，既赏心悦目，又可净化空气、调节温湿。一般意义上，绿化植物陈设主要指室内空间中常用的绿叶植物、盆栽、花卉等。深层意义上的绿化植物陈设则是通过常见的造园手法，将绿植、山石、流水等自然景观引入室内，与室外环境连接成为有机整体，给人以心灵的慰藉和精神的享受（图1-2-5）。

> 图1-2-5　引入自然景观的餐厅

1.2.4　室内陈设设计的原则

（1）适用性

室内陈设设计服务于现代社会多样化的空间形态以及人类多元化的生活方式，需要根据不同场合、不同需求来进行调配。因此，适用性是室内陈设设计的首要原则。适用性原则要求在设计中，陈设物品一定要符合其空间用途，发挥其功能特点，更好地为室内空间服务。

（2）统一性

统一性原则在室内陈设设计中的应用十分广泛。主要是指室内建筑构件、家具、饰品、绿植等主体陈设物品的整体风格统一、形式统一、色彩统一，以加强风格特征与空间的连贯

> 图1-2-6　统一和谐的图书馆陈设设计

> 图1-2-7　符合幼儿生理与心理需求的儿童家具

> 图1-2-8　增强艺术效果的酒吧陈设设计

性，营造出整体统一、自然和谐的室内空间氛围，使人感觉舒适惬意（图1-2-6）。

（3）人性化

人性化的设计原则是现代社会最为倡导的设计原则之一，联系到室内陈设设计，是指设计以人为本，为人类特定的需求营造合理、舒适、美观的室内环境。这主要体现在两个方面：一是人体工程学，指结合人体生理、心理的计测方法，采用最适合人体和心理活动要求的设计手法；二是人性化设计，指设计中充分尊重人的想法，体现出人的个性化需求及人性化关怀（图1-2-7）。

（4）艺术性

陈设设计本身是一门艺术，其目的是使室内空间环境变得更加美好，所以艺术性原则也是陈设设计必须遵循的原则之一。陈设艺术与民俗、宗教、地域文化、潮流艺术等领域息息相关，是对于美的艺术化表现。具体表现为：一室内陈设必须遵循形式美法则，在完善实用性的基础上，反映陈设艺术的美学价值；二将不同设计元素的美通过艺术化的手段呈现出来，反映人的审美情趣（图1-2-8）。

（5）创新性

创新是陈设艺术前进和发

展的不竭动力，只有创新才
能保持陈设艺术的生命力。
时代的变迁，社会的进步，
带给我们的不仅仅是社会文
化、生活方式的改变，还有
新材料、新技术、新工艺、
新的设计语言。因此，室内
陈设设计要体现时代内涵，
适应现代生活方式。如现代
人更注重人与自然生态的和
谐共处，更注重装饰材料的
环保性，追求低碳生活。再

> 图1-2-9　用麻绳打造低碳环保的创意办公空间陈设设计

如，现代人更加追求个性化的体现，如何利用新的设计语言描绘现代生活、体现时代脉络也
是设计师们需要研究的新课题（图1-2-9）。

1.3　家具与陈设设计的关系

1.3.1　家具在室内陈设中的地位

家具是室内陈设的重要组成部分，也是与人类活动关系最为密切、使用最为频繁的陈设
物。它们以不同的形式出现在室内空间中，有着不同的功能、材质和色彩等，并按照一定美
学原理营造出满足人的物质功能和精神功能需求的室内陈设设计。

家具在一般起居室、办公室等场所的占比约为室内面积的35%～40%，当空间较小时，
家具占比甚至超过50%。而
在餐厅、影剧院等公共场所，
家具的占地面积更大（图
1-3-1），因此室内的空间氛
围很大程度上受到家具的造
型、色彩和材质等的影响。

总而言之，家具在室内
陈设设计中占据着重要的地
位，当着手进行一个室内空
间的陈设设计时，应充分考
虑家具陈设的主体性，才不
会使室内陈设显得凌乱无序。

> 图1-3-1　座椅是电影院室内陈设的主体

1.3.2　家具在室内陈设中的作用

不同类型的室内空间需要陈设不同的物品，并通过这些陈设品来体现其功能和价值。家具是构成室内陈设设计的重要组成部分，对于室内陈设设计成功与否有着十分重要的作用。

（1）强化风格特征，诠释空间内涵

现代家具大多兼具了实用性和美观性的双重功能，与其他陈设品共同营造合理、舒适、美观的室内空间环境。室内设计风格各异，有富丽堂皇的古典风格、清雅古朴的中式风格、实用简约的现代风格、清新淳朴的自然风格等，家具风格的选择对室内环境的整体风格有着决定性的作用。因此，家具是室内陈设设计的"主旋律"，设计师通过不同形式、材质和色彩等的家具，将深层次的设计语言表达出来，对室内环境的风格特征进一步强化（图1-3-2）。

> 图1-3-2　简洁清新的北欧风格卧室

> 图1-3-3　素雅的新中式茶室

（2）创造及烘托空间气氛

随着社会经济的进步，人们的生活方式发生着变化，自我意识也逐渐提高。现代人对于室内空间的需求从基本的物质层面逐渐转向精神层面，更加注重室内空间的气氛和意境。不同形态的家具，对烘托室内环境气氛有着不同的作用，如温暖亲切的咖啡厅、庄严肃穆的纪念馆、高雅素净的茶馆，都可以通过不同的家具陈设来营造和进一步烘托。

意境是指设计师通过一些艺术手法，使空间传递出某种能令人感悟又难以言传的思想和主题。与气氛相比较，意境更能引人联想，给人以精神享受。如传统中式风格常常选择明清式家具表达一种儒雅风韵（图1-3-3），而欧式古典风格则通常采用尊贵典雅的欧式家具，在家具色彩上也相对柔和。

（3）柔化空间，调节色彩

钢筋混凝土的建筑结构给人们带来了冰冷、沉闷的室内空间，坚硬的线条使现代人更加渴望亲切与柔和的室内环境。利用家具陈设品来改善，无疑是一种较为高效便捷的手段。形式、质地多样的家具不仅可以柔化空间的线条，缓和空间的生硬感，更易于产生温暖感，创造富有"人情味"的内部环境。

同时，色彩丰富的现代家具还可以增添室内空间的活力，调节环境色彩。色彩是室内设计的灵魂，色彩通过视觉影响到人的生理和心理感受，进而对空间的舒适度、尺度感、环境氛围等产生一定影响。家具色彩通常是以体块形式出现在空间中的，对室内环境的色彩有很大的决定性作用，有时也会作为局部点缀色彩而存在。值得注意的是，在家具色彩应用上需充分考虑其与整体环境色调相协调，才能起到锦上添花的作用。

（4）创造二次空间，丰富空间层次

由墙面、地面和顶面各界面围合成的空间成为一次空间，通常情况下是不易改变其布局形式的，而利用家具来分割空间则相对更容易，也更灵活。这种在一次空间中分割出的可变空间称为二次空间。家具可以作为灵活的隔断划分空间，形成不同功能或性质的区域。通过家具的布置，可以组织人流动线，使空间的功能更趋向合理。

同时，家具分割空间还可以丰富空间的层次感，例如一个餐饮空间的大厅既是一个整体的大空间，同时又由很多套餐桌餐椅分隔出的小空间构成。如此不仅充分利用了空间，又加强了空间层次感和流动性（图1-3-4）。

> 图1-3-4　富有层次感的餐饮空间大厅

（5）体现个性特色，陶冶个人情操

对于美的理解，因人而异，性别、年龄、民族、信仰、教育背景等都会成为影响个性偏好和个人审美的重要因素。这在家具陈设设计中得以充分体现。如有些民族餐厅会选择带有强烈民族特色和地域风情的家具陈设；有些年轻人会更喜欢选择一些造型新颖、质感突出的现代家具；对于儿童来说，则更倾向于色彩丰富、富有创意的家具。

室内家具的选择与布置，能反映出不同的空间内涵与个性特点，也是人们表现自我的一种途径。造型优美、格调高雅的家具陈列在室内空间中，不仅具备一定的使用功能和装饰功能，还能怡情遣性、陶冶情操。此时的家具已经超越了其本身的使用价值和美学价值，成为一件能体现出个人品位与精神追求的艺术品（图1-3-5、图1-3-6）。

> 图1-3-5 具有传统中式风格特征的酒店空间   > 图1-3-6 具有传统中式风格特征的酒店客房

课题训练

1. 简述家具设计与室内陈设设计的原则分别有哪些。
2. 结合自己的生活经验或者实际案例，谈一谈你对家具与陈设之间关系的理解。

2

家具与室内陈设的
发展及风格特征

学习目标

1. 探究古今中外家具历史发展脉络，比较分析不同家具风格特点。

2. 能够根据历史背景解读家具设计元素，并能够将我国传统风格与现代审美相结合进行创新设计。

3. 洞悉家具与陈设未来发展趋势，能够紧跟技术变迁进行设计创意。

家具与室内陈设在漫长的历史发展过程中，为人类留下了宝贵的物质和文化遗产，反映了不同历史时期人类的生活形态，以及在工艺和艺术上的成就。家具与室内陈设的风格，凝结着一个地区、一个民族的物质与精神文明，并随着人类社会的前进不断达到新的高度。

2.1 外国家具与室内陈设的发展及风格特征

2.1.1 古代家具与室内陈设

这主要是指公元前16世纪至公元前5世纪，以古埃及、古希腊、古罗马为代表，建构在先进的建筑如宫殿、庙宇、教堂等的基础上的古代西方的家具与陈设。

（1）古埃及的家具与陈设

人类历史上首次记载制造家具的是埃及人，通过现存的一些陵墓和神庙的壁画及陪葬品，仍能够感受到古老家具的艺术魅力。由于古埃及人体型较矮，加之古埃及人有蹲坐的习惯，所以出现了矮凳和矮椅等坐具形式。古埃及家具由直线组成，对称、比例合理，家具的四腿采用动物的腿形，粗壮有力，脚部采用狮爪或牛蹄，并在底部做木块脚垫，生动形象，栩栩如生。装饰纹样多采用几何纹、螺纹、植物纹、狮子、鹰、羊、蛇等形象，镶嵌宝石、象牙等并施以颜色作为装饰（图2-1-1）。古埃及家具仅限于统治者使用，因而该时期的家具文化艺术是表现国王法老的艺术，是供王公贵族生前享乐的艺术。古埃及的坐具尺度与人体尺度配合协调，既实用又美观，家具的科学性令人惊叹。

> 图2-1-1 古埃及坐具

在室内陈设中，古埃及人讲究对称与均衡，营造出庄严威武的环境氛围。建筑四壁多装饰壁画，其中莲花束茎柱式和方尖碑成为室内陈设的主要装饰元素（图2-1-2）。方尖碑是古埃及人崇拜太阳神的纪念碑，多立于庙宇前，高度不等，最高达到50余米。方尖碑下宽上窄，顶端形成金字塔状的尖，以金、铜和金银合金包裹外面，当太阳光照射上去，像太阳一样熠熠生辉（图2-1-3）。

> 图2-1-2　古埃及壁画

> 图2-1-3　卢克索神庙前的方尖碑

（2）古希腊的家具与陈设

古希腊是欧洲文明的发源地，思想自由、民主，希腊人以一种开放的心态对待自己的生活。在家具上体现出典雅、优美、实用、舒适的特点，椅背不再僵直，呈现出自由活泼的趋向（图2-1-4）。古希腊最典型的家具是克里斯莫斯椅，这种椅子根据人体背部曲线设计优雅的靠背，椅子腿部是向外弯曲的洋刀形状，符合力学的原理。椅子轻巧、方便、优雅，深受女性的喜爱（图2-1-5）。

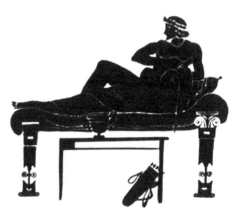

> 图2-1-4　古希腊长榻

古希腊的室内陈设，遵从黄金分割法，注重数字比例形成的美感，装饰有山形墙、柱头，还有桂冠、花环、竖琴、古瓶，典雅而高贵。柱式主要有三种：多立克柱式、爱奥尼柱式、科林斯柱式（图2-1-6）。

> 图2-1-5　克里斯莫斯椅

多立克式　　爱奥尼式　　科林斯式

> 图2-1-6　古希腊三大柱式

（3）古罗马的家具与陈设

古罗马人英勇善战，从一个小城邦发展到横跨欧、亚、非三洲的强国。古罗马家具在继承古希腊家具的基础上，更加注重世俗化。家具种类多样，造型凝重坚厚，采用与战争有关的战马、雄狮、胜利的花环、茛苕叶等图案作为装饰（图2-1-7 ~ 图2-1-9）。

　　古罗马建筑室内最鲜明的特色在于穹顶。罗马万神庙的穹顶是古代世界上最大的穹顶，建筑高大雄壮，高贵华丽（图2-1-10）。

> 图2-1-7　法国绘画中的古罗马贵妇人躺椅

> 图2-1-8　古罗马大理石小桌

> 图2-1-9　古罗马折叠椅

> 图2-1-10　万神庙穹顶

2.1.2　中世纪家具与室内陈设

　　中世纪是指从古罗马帝国灭亡到文艺复兴之间的时期，约在公元5 ~ 14世纪，这近千年的时间由宗教统治，建筑、艺术都成为统治阶级宣传宗教的工具。中世纪的家具与室内陈设风格主要有3种：拜占庭式、仿古罗马式、哥特式。

（1）拜占庭式家具与陈设

　　公元4世纪，古罗马分裂为东罗马和西罗马，东罗马帝国建都君士坦丁堡，史称拜占庭帝国。拜占庭家具与室内陈设，在继承古罗马贵族生活方式的基础上，融合古希腊自由典雅的风格，并且吸收东方宫廷的华丽特色，形成独特的艺术风格。拜占庭式家具与陈设追求奢华，运用雕刻、镶嵌的手法，镶嵌宝石、象牙等。公元6世纪，丝绸传到西方，成为拜占庭家具装饰最受欢迎的材料（图2-1-11）。

（2）仿古罗马式家具与陈设

仿古罗马式家具盛行于11～13世纪，是古罗马文化与民间文化的结合。仿古罗马式风格的特色：一是连环拱券和柱头在室内陈设中的应用；二是家具的腿部、扶手、靠背都采用镟木制造。珍宝箱是当时家具的典型代表，箱子的顶部像屋顶的斜盖，装饰植物图案。这种风格后来传播到英国、法国、德国和西班牙等国家，并在11～13世纪成为西欧一种普遍流行的式样。

（3）哥特式家具与陈设

12世纪中叶哥特式建筑产生于欧洲，15世纪达到顶峰。哥特式可谓是黑暗的中世纪最伟大、最辉煌的艺术成就，是古罗马式文化艺术的进一步发展，其建造技术和艺术手法都达到了相当高的水准。哥特式室内陈设大多以尖拱、细柱、垂饰罩、浅浮雕等装饰（图2-1-12、图2-1-13）。哥特式家具主要有靠背椅、座椅、大型床柜、小桌、箱柜等，其中最有特色的是坐具类家具。座椅的椅背较高，多采用尖拱形的造型处理，柱式框架顶部跨接着火焰形的尖拱，垂直挺拔向上，给人以庄重、雄伟之感（图2-1-14）。装饰纹样以火焰形窗花格纹、藤蔓植物为主，这些纹样大多具有基督教的象征意义，且华丽精致。

> 图2-1-11 象牙雕刻宝座

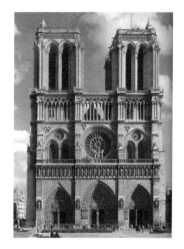

> 图2-1-12 巴黎圣母院

> 图2-1-13 哥特式建筑窗户

> 图2-1-14 哥特式座椅

2.1.3　近世纪家具与室内陈设

中世纪末期，随着欧洲资本主义萌芽的产生，以意大利为中心的反封建反宗教神学的文艺复兴运动为起点，开始了艺术史上承前启后的伟大时代。它打破了中世纪虚伪、呆板、空洞、荒谬的禁锢，对古代文化的复兴进行了有意义的取舍。

（1）文艺复兴时期家具与陈设

文艺复兴是指从14～16世纪，以意大利为中心，对古希腊、古罗马的艺术进行复兴的运动。但它并非是单纯的复古，而是在吸收古典元素的基础上进行文化和艺术的创新。文艺复兴是一次思想解放运动，带有浓厚的人文主义色彩，也是欧洲从封建主义向资本主义的过渡时期。

文艺复兴体现在家具和室内陈设上，强调艺术与实用功能的结合，具有浓浓的人情味，注重舒适，形成实用、平衡、华美、和谐、精致的风格特点。

① 文艺复兴时期的家具

文艺复兴时期的家具造型在吸收古典造型的基础上，将建筑上的檐板、拱券、柱子等其他细部元素运用到家具的装饰上。但并非是简单移植，而是将元素进行深加工，与家具装饰融为一体（图2-1-15）。文艺复兴早期的家具简朴、威严、庄重，注意线条和古典协调的比例关系，在不影响功能的前提下采用适当的镶嵌、镀金、雕刻装饰（图2-1-16）。文艺复兴中期庄严和古典的协调比例关系更加完善，装饰图案更加精美，意大利罗马开始流行使用实木进行雕刻深浮雕，并且镀金（图2-1-17）。文艺复兴晚期也被称为"样式主义"时期，一味地注重装饰，偏离古典的完善的构图和比例，采用深浅浮雕和圆雕等手法装饰，重装饰，轻造型。家具所用的材料以胡桃木为主，到后期盛行采用抛光大理石等作为家具面板，极为华丽（图2-1-18）。

> 图2-1-15
文艺复兴时期座椅

> 图2-1-16　文艺复兴扶手椅

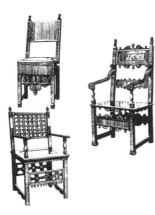

> 图2-1-17　文艺复兴座椅

> 图2-1-18　文艺复兴时期桌子

② 文艺复兴时期的室内陈设

文艺复兴时期的室内陈设在学习古希腊、古罗马家具陈设的基础上，融入东方元素。室内陈设多选用精美的胡桃木家具，精致的陈设品，浓郁的威尼斯风味的饰带，装饰华丽的长镜，雕刻的枝状的吊灯，镶着金边的餐具，点缀着各类花饰（图2-1-19）。文艺复兴文化与不同的政治结构和文化相结合，在不同国家展现出不同的民族特色。如意大利文艺复兴的严谨、华丽（图2-1-20），西班牙文艺复兴的单纯、简洁，德国文艺复兴的挺拔、厚重，英国文艺复兴的质朴、遒劲。

> 图2-1-19 文艺复兴风格室内陈设

> 图2-1-20 文艺复兴时期柜子

（2）巴洛克风格家具与陈设

巴洛克来源于葡萄牙语Barroco，原意为畸形的珍珠，是产生于16世纪下半期，盛行于17世纪、18世纪逐渐衰落的欧洲主要艺术风格。巴洛克这个词原是文艺复兴人文主义作家用来批判不按照古典规则创作艺术作品的。巴洛克风格虽然是在文艺复兴的基础上发展起来的，但是巴洛克风格抛弃了文艺复兴风格的静止、严肃、和谐、稳重，追求气势宏伟、富于动感、富丽堂皇、戏剧夸张的浪漫主义艺术效果。

① 巴洛克风格的家具

巴洛克家具的设计适应巴洛克建筑风格和室内装饰，将巴洛克建筑中动感的曲线、涡卷装饰、柱式、圆拱、人柱像运用到家具设计中。将富于表现力的细部加以强化，简化文艺复兴时期不必要的装饰，而强调家具的整体结构。座椅不再采用圆形旋木和方木相间的形式，而是采用回栏状椅腿，用皮革和织物包衬靠背、椅座、扶手。家具不仅视觉上华贵，而且更加舒适（图2-1-21、

> 图2-1-21 巴洛克风格扶手椅

> 图2-1-22　巴洛克风格雕刻桌

图2-1-22）。

② 巴洛克风格的室内陈设

巴洛克将绘画、雕塑、工艺融于室内装饰和陈设之中，多采用石膏泥灰、大理石、木墙板或雕刻墙板，覆以华丽的青色或蓝色织物饰面。室内造型古典传统，对称均衡且优雅，注意运用曲线和曲面形成动感，装饰华丽富贵，气势雄伟。华贵的地毯与精美镶金的家具、明艳的色彩、豪华的锦缎、磅礴的曲线，构成奢华大气的室内陈设艺术。巴洛克艺术将室内陈设发展到极为成熟且带有奔放浪漫的新高峰（图2-1-23）。

(a)　　　　　　　　　　　　　　　　　(b)

> 图2-1-23　巴洛克风格室内陈设

（3）洛可可风格家具与陈设

洛可可源于法语Rocaille（岩石），其风格特点是以婉转的曲线模仿贝壳和岩石，达到纤巧、华丽的效果。洛可可风格起源于18世纪的法国，因其盛行于法国路易十五在位时期，所以也被称为"路易十五风格"。

① 洛可可风格家具

18世纪30年代，洛可可家具取代了巴洛克风格，成为欧洲家具的主流风格。洛可可家具在风格特点上摒弃了巴洛克家具的豪华和雄伟，大量使用曲线线条，形成优美、柔婉的造型，并配以精致的雕刻、锦缎或刺绣的包衬。家具通体以白色为基调，用金色涂饰或贴金，华丽富贵。家具装饰图案有狮子、羊、猫爪、涡卷的曲线、玫瑰花纹等。洛可可家具在吸取巴洛克家具优美造型的基础上，将形式美与功能结合，宛如雕琢精美的工艺品。

a.摄政式家具

1715年路易十四逝世于凡尔赛宫，他年仅5岁的孙子路易十五继位，由摄政王奥尔良公爵菲利普摄政。受菲利普的影响，法国宫廷风格由巴洛克风格转化为自由优雅的艺术形式，也被称为摄政式。

　　摄政式家具从路易十四时期的直线转变为曲线，尺寸变小，更加优雅、柔美，有更多的浅浮雕装饰，没有那么严格地讲究绝对的对称。摄政式椅子后背相较路易十四时期的椅子更低一些，椅背的顶部多波状曲线，用贝壳作为装饰。椅子扶手弯曲，扶手支撑柱内缩于前脚，与座位的侧档联系在一起。使用时，根据季节的不同，更换不同的座面（图2-1-24）。摄政式家具更加注重曲线的优美，特别是以弯腿为主要风格特色。摄政式风格标志着法国的家具从气势磅礴、雄伟壮观的巴洛克风格向文雅、细腻、精巧的洛可可风格的转变（图2-1-25）。

> 图2-1-24　摄政式座椅

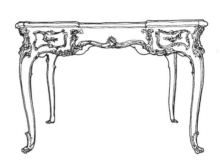

> 图2-1-25　摄政式书桌

b.路易十五式家具

　　路易十五式家具达到了艺术与功能的完美结合，形成了流芳百世的经典的洛可可家具风格，以精美纤细、华丽轻快的曲线和精致的浮雕为主要风格特征。家具包含种类齐全，仅座椅就有多种。例如，会议用椅佛提尤，敞开内缩的扶手，靠背和座面包裹高级面料，腿部塑造成山羊脚或猫脚，优美有力，既具有活泼跳跃的动感，又不乏会议场所家具的正式与力度（图2-1-26）。还有最受贵妇欢迎的安乐椅，有厚重的靠背和座面，座面以锦缎或丝绸饰面，内部填充羽毛，软包面多采用带有花纹图案的天鹅绒，座椅舒适而高贵华丽（图2-1-27）。贵族生活奢靡、享受，热爱打牌，自然产生了观牌椅，观牌椅是在安乐椅的基础上，靠背顶端添加了宽软垫，方便观牌者将胳膊架在靠背顶端观战（图2-1-28）。此外，还有书桌椅、恋人椅和各种桌子以及橱柜，多采用贝壳式的曲线、弯曲的构图分割，装饰烦琐。

> 图2-1-26　路易十五式扶手椅

> 图2-1-27　路易十五式安乐椅

> 图2-1-28　路易十五式观牌椅

c. 安娜女王式家具

18世纪是英国家具和室内装饰发展的黄金时期。安娜女王座椅是非常具有英国特色的家具，造型简洁、比例匀称、装饰简练，用完美的曲线表现出优雅、理性、谦逊的美。安娜女王时期椅子的腿部重要特征是S形曲腿，这种优雅的曲线也被用到桌子、餐具柜、烛台等的腿部，这种脚也被称为"猫脚"，特别是由中国的龙爪抓珍珠演变而来的猫爪抓球的"爪抓球"的形式非常流行。最具代表性的两种安娜女王椅分别是薄板靠背椅和翼状椅。薄板靠背椅的靠背形似花瓶，能符合人体脊柱形态，扇形的座面，装饰贝壳、涡旋状的猫腿，整个椅子造型完美（图2-1-29）。翼状椅靠背和扶手连接在一起，仿佛鸟的翅膀一样，高高的靠背，厚厚的坐垫，织物饰面的座面，弯曲轻巧的腿部，卷筒状的扶手，形成舒适优雅的安娜女王式安乐椅（图2-1-30）。

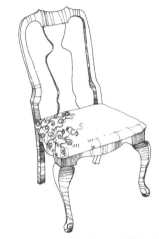

> 图2-1-29　安娜女王薄板靠背椅

> 图2-1-30　安娜女王翼状椅

d. 齐宾泰尔式家具

齐宾泰尔（Thomas Chippendale，1718～1779年）是英国著名的家具设计师，他打破了传统的以君主名字进行家具命名的传统，开启了以家具设计师名字命名家具的历史。齐宾泰尔式家具在传统简朴的英国风格基础上，吸收洛可可的纤细、柔媚，对中国古典建筑园林的元素进行借鉴，并借鉴中国大漆描金的手法，推动了洛可可风格和东方风格的融合。其中最著名的是齐宾泰尔座椅，家具在材料上选择了利于雕刻的桃花心木，造型上以复杂的曲线为主，椅背上方搭脑采用弓状的波纹曲面，背板采用薄板透雕技术，饰以涡形曲线，将舒适与细巧的雕刻工艺完美融于一体（图2-1-31）。

> 图2-1-31　齐宾泰尔式座椅

e. 温莎椅

温莎椅产生于17世纪的英国，盛行于18世纪的美国，因其产生于一个叫"温莎"的小镇而得名。温莎椅采用的材料是乡土的木材，椅背、椅腿和拉挡采用纤细的木材旋切而成，椅背充分考虑人体工程学，座面可加软垫。温莎椅以其实用性和美观性，流传到世界各地，深受大众的欢迎，无论是在普通家庭还是贵族家庭都可以看到温莎椅的身影（图2-1-32）。

② 洛可可风格的室内陈设

洛可可室内陈设精致纤巧、细腻柔美，极富浪漫主义色彩。除建筑室内装饰的母体外，过去用壁柱的地方，改为镶板、浅浮雕、圆雕，多采用镜子、大理石、瓷器、壁灯等装饰墙面，色彩上多使用娇艳的天蓝、金、嫩绿、粉红等颜色，明丽但没有立体感。洛可可家具与室内陈设、墙面配饰、通体装饰达到和谐统一，形成了完整的室内设计新概念，使室内装饰和使用效果进入空前完美的阶段。室内装饰大量采用大自然中的动物和植物元素，使用非对称曲线以及浮夸的装饰，极富装饰性（图2-1-33）。

> 图2-1-32　温莎椅

> 图2-1-33　洛可可风格的室内陈设

（4）新古典风格家具

经历了17～18世纪的巴洛克和洛可可风格的风靡，发展至后期，家具装饰完全脱离了理性合理结构，趋于荒诞。随着王权的衰落，人们过不起奢华的生活，开始追求简朴、节度的新生活。18世纪后半叶至19世纪初，以古典瘦削的直线为主要设计特色的新古典风格在家具、建筑等各个艺术领域盛行。

新古典主义风格可以分为两个阶段：一是流行于1760～1800年的庞贝式，英国的亚当式、赫普怀特式以及谢拉顿式也是属于这一时期的新古典风格家具；二是1800～1830年的帝政式。

① 庞贝式家具

庞贝式家具又称"路易十六式家具"，特点是抛弃了路易十五式家具的曲线和虚假装饰，转而将重点放在直线造型形成的家具的自然本色上。庞贝式家具更加强调结构的力量，腿部采用向下收缩的手法，并且雕刻槽纹，以彰显腿部的力量。在装饰上有节制地镶嵌金属，镶嵌和镀金工艺都非常精致，装饰图案来源于希腊（图2-1-34、图2-1-35）。

> 图2-1-34　路易十六式储物柜　　　　　> 图2-1-35　路易十六式座椅

② 英国新古典主义家具

该时期又称"亚当兄弟时期"。建筑师罗伯特·亚当是其代表人物。该风格的家具结构简单，比例优美，造型规整，椅背的形式多样，兼具古希腊、古罗马、法国路易十六式家具特征（图2-1-36）。此外具有代表性的还有赫普怀特式（图2-1-37）和谢拉顿式家具（图2-1-38）。

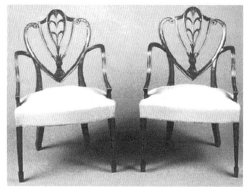

> 图2-1-36　亚当式座椅　　　　　　　　> 图2-1-37　赫普怀特式座椅

③ 帝政式家具

帝政时期是指法国拿破仑在位摄政的十年间，因此帝政式家具也称为拿破仑式。帝政式家具以古希腊、古罗马的家具为模仿对象，是彻底的复古运动。家具设计不考虑结构与功能之间的关系，将柱头、螺丝架、饰带、狮身人面像等装饰强硬地施加于家具之上，显得极为虚伪、生硬、臃肿。外观上讲究整体的对称统一，表现出厚重坚实之感。材料在1810年前一直使用红木，后期开始使用枫木、山毛榉木、橡木、柠檬木等（图2-1-39）。

> 图2-1-38 谢拉顿式座椅

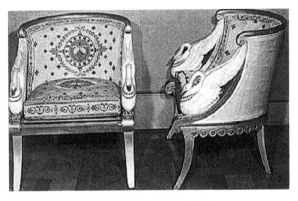

> 图2-1-39 帝政式座椅

2.1.4 现代家具与室内陈设

19世纪中叶，随着工业化生产技术的发展，新材料及新工艺的不断产生，促使设计师必须改变原有设计模式，探索适应新技术、新材料、新工艺的新家具设计方法。同时这也预示着一个崭新的家具设计时代的到来。

（1）前期现代家具与室内陈设（1850～1914年）

① 托奈特曲木家具

出生于德国莱茵河畔工匠之家的托奈特（Michael Thonet，1796～1871年）被认为是实现家具工业化生产的第一人，解决了家具工艺与工业化之间的矛盾。托奈特的主要成就是研究弯曲木家具，他采用化学、机械法弯曲脆材的技术设计出轻巧而雅致的座椅。托奈特设计的维也纳靠背椅，在1851年伦敦世界家具展览会上获得一等奖。随后的几年中，他发明了加金属带使中性层外移的曲木方法，使弯曲木表面开裂的问题得到有效的解决，椅子的造型设计也更加丰富。他著名的作品是14号椅（图2-1-40），到1930年累计生产5000万件。1980年开始生产的曲木摇椅（图2-1-41），最高时年产10万件以上。这把椅子打破了传统家具的端正，从家具的结构上赋予"动"的理念。托奈特设计的曲木家具给人以自然、轻松、愉悦、灵活的感觉，并且结构简单、用材适宜、价格低廉，满足了早期大众消费的需

> 图2-1-40 托奈特14号椅

> 图2-1-41 托奈特曲木摇椅

求，开启了现代座椅设计的新开端。

②工艺美术运动风格

工业革命所带来的技术进步和机械化生产严重冲击了传统手工业，企业主为了赚取高额利润，大量生产粗制滥造的产品，从而忽视了产品的设计和质量。这种混乱状态在1851年英国万国博览会上得以突显，使很多人意识到机械化生产背后的困境。以威廉·莫里斯（W.Morris，1834～1896年）为代表的工艺美术运动（the Art & Crafts Movement）正是在这种背景下应运而生。这场运动反对纯工业化道路的呆板和纯艺术化的缥缈，主张重建艺术与设计之间的联系，倡导艺术家与工程师相结合。然而，工艺美术运动的探索者们对于机械化生产持消极态度，提倡回归手工艺传统，导致最终只为少数人设计少数产品，使得运动的结果和理想准则相背离。但不可否认，工艺美术运动在家具和室内设计领域产生了重大影响，主要代表人物有：查尔斯·沃赛（Charles Francis Annesley Voysey，1857～1941年）、巴里·斯各特（Baillie Scott），以及美国的古斯塔夫·斯蒂格利（Gustav Stickley）等。他们主张家具实用性与艺术性相结合，崇尚中世纪简洁朴素的风格，寻求手工制造与居住环境相结合，注意家具材料的选择与搭配。

> 图2-1-42　可调节扶手椅

工艺美术运动是世界现代史上第一次大规模的设计改革运动，莫里斯也被称为"现代设计之父"。莫里斯公司的家具有两种风格：一种是简洁、自然、朴实、厚重的实用家具，如莫里斯与菲利普·韦伯（Philip Webb，1831～1915年）共同设计的可调节扶手椅（图2-1-42），该座椅靠背的角度可调节，并且带有柔软舒适的纺织品座、靠垫，四只脚上的轮子还可以方便移动；另一种是华丽精美的适合上流社会使用或适合用来收藏的豪华风格家具，如乔治·杰克（George Jack，1855～1932年）设计的吉尔扶手椅，形式上近似摄政式风格，是19世纪90年代莫里斯公司设计生产的典型家具（图2-1-43）。莫里斯的设计思想很快就有很多的追随者，还影响到北欧的斯堪的纳维亚半岛。由于工艺美术运动奠定的基础，家具由古典装饰设计逐步走向工业化，家具设计行业的面貌也发生了翻天覆地的变化。

"工艺美术"运动风格的室内陈设反对工业化和过度装饰的维多利亚风格（指19世纪英国维多利亚时代（1837—1901年）的建筑、家具和装饰艺术风格。这一时期的艺术特点是复杂和富于装饰性，反映了工业革命和英国帝国扩张的繁荣），主张回归自然、真实的艺术风格，对中世纪哥特式风格情有独钟。莫里斯与韦伯合

> 图2-1-43　吉尔扶手椅

作设计的"红屋"是这一风格的典型代表。红屋是莫里斯结婚时的新房，由于他当时找不到满意的建筑和陈设品，于是邀请韦伯一起亲自设计了这所住宅。他们的设计采用非对称式布局，注重功能，采用红色砖瓦，既是建筑材料，也具有装饰作用，没有表面粉饰，使建筑结构完全暴露。同时在建筑细部还采用了哥特式建筑风格特征，例如塔楼、尖拱入口等。室内从墙纸到地毯，从家具到灯具所有的陈设品，都由莫里斯设计，风格朴实简单，注重功能性，在装饰上推崇自然主义和东方艺术特色，采用大量的卷草纹、花卉等图案（图2-1-44）。莫里斯的设计一改当时矫揉造作的维多利亚风格，呈现出崭新的面貌，也引起了设计界的广泛关注。

> 图2-1-44　红屋

③ 新艺术运动风格

新艺术运动（Art Nouveau，1892～1910年）产生于19世纪末的法国，20世纪初达到顶峰，是一场波及整个欧洲的艺术革新运动。新艺术运动主张摆脱工业化生产对艺术的束缚，冲破传统走向自然，以弯曲的植物自然形态作为室内陈设与家具设计的元素，反对采用直线，也反对模仿传统；主张艺术与技术和大工业相结合，大量使用铁艺，热爱新材料表现出来的新形式。主要代表人物有比利时的亨利·凡·德·维尔德（Henry van de Velde，1863～1957年）和维克多·霍塔（Victor Horata，1867～1947年），英国的查尔斯·雷尼·麦金托什（Charles Rennie Mackintosh，1868～1928年），西班牙的安东尼·高迪（Antoni Gaudi，1852～1926年）。

维尔德主张艺术的改革应该从教育开始，在他的倡导下魏玛市立美术学校改成市立工艺美术学校，也就是后来包豪斯的前身。维尔德认为，"如果机械能运用适当，可以引发设计与建筑的革命"，设计应该做到产品结构合理，材料运用严格准确，工作程序明确清楚。

霍塔设计的位于巴黎的霍塔旅馆（Hotel Tassel），无论是建筑外观，还是室内的栏杆、壁纸、灯具、地板等陈设设计都集中显示了新艺术运动风格特征，采用流畅的曲线作为主要装饰，花草枝蔓纠缠不清的复杂图案色彩统一而协调，堪称新艺术运动设计风格的典范（图

2-1-45）。

天才建筑师高迪，反对古典对称均衡的庄严，在家具设计中加入一些自然和有机形态，生机勃勃。他的代表作Casa Calvet扶手椅，拥有流动的曲线、骨感的结构，生动得仿佛要行走起来。如图2-1-46所示，心形的靠背，脊柱形态的椅背，弯曲的扶手，圆形的椅面，带有膝关节的椅腿，简洁生动且现代感极强。他的建筑代表作有巴特罗公寓和米拉公寓（图2-1-47）。这两座建筑完全采用曲线造型，融合动植物有机形态，其内部家具等也避免直线和平面。

麦金托什是新艺术运动时期全面的设计师，他的室内设计采用直线和几何造型，搭配黑色和白色，既整体又具有装饰感。他设计的高背椅拥有高得夸张的椅背，特征鲜明（图2-1-48）。

> 图2-1-45　霍塔旅馆

> 图2-1-46　高迪的
Casa Calvet扶手椅

> 图2-1-47　米拉公寓室内家具与陈设

> 图2-1-48　麦金
托什的高背椅

新艺术运动是世纪之交的一次承上启下的设计运动，在家具和室内设计方面取得了一定成就。虽然它并不反对工业化，但其所采用的装饰性风格难以适应机械化批量生产，只能手工制作，因此，这一运动仍然没有超越英国工艺美术运动的局限，仍停留在对形式的追求上。但它所注重的抽象自然形态，相较以往确实是巨大进步，推动了现代家具与陈设设计的发展。

为现代家具与陈设早期做出贡献的还有维也纳装饰艺术学校、德意志制造联盟等，他们的理论与实践对现代家具与陈设的形成产生了深刻的影响。

（2）两次世界大战之间的现代家具与陈设（1914～1945年）

① 荷兰风格派风格

1917年前后，一批艺术家、作家、建筑师聚集于荷兰莱顿城组成了一个名为"风格派"

的组织。由于荷兰在第一次世界大战期间没有遭受战火洗礼，因此"风格派"在这里得到迅速发展。他们从艺术、建筑、家具及平面设计各个方面进行探索，历时达十余年。这个组织没有完整的结构和宣言，以杜斯博格（Theo Van Doesberg，1883～1931年）主编的美术期刊《风格》为维系纽带。主要成员还有画家蒙德里安（Piet Mondrian，1872～1944年）、建筑师及家具设计师里特维尔德（Gerrit Thomas Rietveld，1888～1964年）等。

风格派运动是现代主义设计进程中最重要的运动之一，对于全世界范围内的现代设计的发展都产生了巨大的促进作用。他们主张以几何形体、立方体、垂直面去塑造形象，色彩多采用红、黄、蓝，偶尔也会采用黑、白、灰无彩色系。风格派还把机械表现形式引进家具设计中，既考虑到美学上的需求，又考虑了机械制造的需求，家具的特色表现为全部构件的规格化，使家具的大批量生产成为可能。风格派的代表作品是里特维尔德设计的"红蓝椅（the red and blue chair）"（图2-1-49）和施罗德住宅（Schroder House）（图2-1-50）。里特维尔德将二维平面转化为三维空间，采用简单的几何形式和色彩、一目了然的外部结构进行设计。从功能上看，这把椅子的舒适感较差，但从其形式内涵上来看，则包含了一些重要因素，例如简单的结构、标准化的构件等。这是现代设计史上重要的设计作品，预示着一种理性的、超越传统的自由表达的设计方式开始形成，因此，许多国外的家具史学家认为应以此作为现代家具形成的起点。他设计的施罗德住宅位于荷兰的乌得勒支市，在设计上也采用了简单的几何形体和纯粹的色块装饰，与"风格派"画家蒙德里安的绘画有着相似的意趣，形成了一种理性的新的空间概念。

> 图2-1-49　里特维尔德的红蓝椅

> 图2-1-50　施罗德住宅内家具与陈设

② 包豪斯学派风格

包豪斯（Bauhaus）是德国建筑设计学院的名称，也是新艺术运动的中心。它的前身是德国的魏玛美术学院和魏玛工艺美术学校，1919年由沃尔特·格罗佩斯（Walter Gropius，

1883 ～ 1969年）改组成立。Bauhaus意为"建筑之家"。

　　包豪斯的发展几经波折，可以分为三个阶段：第一阶段校址设在德国魏玛，由格罗佩斯担任校长；第二阶段迁至德绍，由汉斯·迈耶（Hannes Meyer，1889 ～ 1954年）担任校长；第三阶段被迫迁到柏林，密斯·凡·德·罗任校长，这也造就了包豪斯精神内容的丰富和复杂。同时，包豪斯设计思想的形成还受到来自各个派别的教师的影响，他们一路探索艺术与技术的完美结合，旨在造就一个艺术与技术接轨的教育环境，培养适应机械化时代的现代设计人才。以学院为基础发展起来的包豪斯学派，主张一切从功能出发，注重发挥技术和结构本身的形式美，认为形式是设计的结果，而不是设计的出发点。在家具和建筑设计上，简化形式，注重功能，讲求形式、材料与工艺的统一。主要代表人物有沃尔特·格罗佩斯（Walter Gropius，1883 ～ 1969年）、马歇尔·布鲁耶（Marcel Breuer，1902 ～ 1981年）、密斯·凡·德·罗（Ludwig Mies Van Der Rohe，1886 ～ 1969年）等。

　　格罗佩斯和师生联合设计的德绍包豪斯新校舍采用简单纯粹的形式和现代化材料，建筑高低错落，呈非对称式结构，整座建筑没有任何装饰，高度强调功能性。新校舍涵盖了教室、工作室、办公室、工厂、食堂、宿舍、体育馆等功能设施，各功能部分以天桥连接，是一个综合性建筑群，体现了鲜明的现代主义风格特征，是现代主义设计在当时的最高成就（图2-1-51）。马歇尔·布鲁耶利用钢管加工的特点和结构方式，结合皮革或者纺织品等材质，设计出轻巧简洁，功能良好的钢管椅，开创了现代家具的新纪元，成为现代家具的经典之作（图2-1-52），并在包豪斯新校舍中得到广泛应用。

> 图2-1-51　包豪斯校舍内部陈设

| (a) | (b) | (c) |

> 图2-1-52 马塞尔·布鲁耶的钢管椅

包豪斯是现代设计的摇篮，它的历史虽然短暂，但其对于现代设计的发展和现代设计教育体系的确立都有着深远的影响，是现代主义运动的里程碑。

（3）第二次世界大战后的家具与陈设（1945～）

战后的欧洲经济基本瘫痪，面临着修复战争创伤、重建城市家园、恢复经济和发展工业的重要任务。在这种局势下，很多优秀的欧洲设计师流往美国，加上美国在战争时期积聚下来的物力和财力，使美国成为家具发展的先进国家。与此同时，工业技术的迅猛发展，促使新材料和新工艺出现，如胶合板、刨花板、轻质合金材、塑料等，为现代家具设计的创新开拓了新的可能性。此外，北欧国家、德国、意大利在欧洲家具设计行业占据先导地位。

① 美国现代家具

美国的克兰布鲁克（Cranbrook）艺术学院，被称为"美国工业设计的摇篮"，由建筑师艾利尔·沙利宁（Eliel Saarinen，1873～1950年）在底特律市郊创立，这所学院既具有包豪斯的思想，又具有美国新艺术设计风格的特点，美国工业设计的先驱埃罗·沙利宁（Eero Saarinen，1910～1961年）就毕业于这所学院。埃罗·沙利宁又称小沙利宁，是艾利尔·沙利宁之子，是20世纪中叶美国最杰出的建筑和家具设计师之一，他的著名作品是"柱脚椅"系列设计，将椅脚和椅座加工成统一而完美的整体，成为家具设计史上的典范（图2-1-53）。他与美国天才设计师查尔斯·伊姆斯（Charles Eames，1907～1978年）合作设计的三维成型模压壳体椅，在1940年纽约现代艺术博物馆主办的"有机家具设计大赛"中获得一等奖。伊姆斯后期又设计了层压椅、钢丝椅、金属脚椅等一系列家具，开创了基于技术的"雕塑家

> 图2-1-53 "柱脚椅"系列设计——胎椅

> 图2-1-54　伊姆斯的670号躺椅

> 图2-1-55　安恩·雅各布森的蛋形椅

具"（图2-1-54）。

美国的现代家具设计不仅丰富了人们的视觉美感，同时也能高度满足人体对使用舒适性的需求，为现代人的生活增添了新的感受。

② 北欧现代家具

北欧现代家具主要指丹麦、挪威、瑞典、芬兰四国的家具设计，又被称为斯堪的纳维亚家具。北欧家具注重功能，讲究人体工程学，设计尊重古典传统。简洁轻巧的有机造型、自然优美的材质质感、纯熟的制作工艺，使家具整体既不冷漠也不张扬。主要代表人物有丹麦现代家具设计的奠基人凯拉·克林特（Kaare Klint，1888～1954年）、阿尔瓦·阿尔托（Alvar Aalto，1898～1976年）、安恩·雅各布森（Arne Jacobsen，1902～1971年）（图2-1-55）、芬·居尔（Finn Juhl，1912～1980年）（图2-1-56）、汉斯·瓦格纳（H.J.Wegner，1914～2007年）（图2-1-57）、维纳·潘东（Verner Panton，1926～1998年）（图2-1-58）等。他们的设计在视觉和触觉上都给予人一种自然、舒适和亲切感。

北欧家具设计与北欧国家的地域文化、民族特点和生活传统密切相关，由于北欧家具传统工艺根底深厚，淳朴的本色在民间一直流传并得以保护，且具有极为鲜明的功能性特征，这也成为北欧现代家具的重要基础。北欧家具与室内设计以清新、优雅的独特风格至今仍在世界上占据领先地位。

> 图2-1-56　芬·居尔的Pelican Chair

> 图2-1-57　汉斯·瓦格纳的中国椅

> 图2-1-58　维纳·潘东的锥形椅

③ 多元家具时代

西方发达国家在20世纪70年代以后，进入了后工业化阶段，现代设计呈多元化发展。20世纪60年代国际上开始掀起新的艺术潮流，波普艺术（图2-1-59、图2-1-60）、欧普艺术、高技派（图2-1-61）、高情感派、后现代主义（图2-1-62）等各个风格流派此起彼伏，家具设计的多元化达到空前繁荣。

> 图2-1-59　波普风格座椅

> 图2-1-60　波普风格室内陈设

> 图2-1-61　高技派室内陈设

> 图2-1-62　后现代主义室内陈设

2.2　中国家具与室内陈设的发展及风格特征

中国家具与室内陈设的发展同中华民族的文明史一样，源远流长。由于受到地理气候、社会组织、民族特点、风俗习惯、宗教思想等因素的影响，在中国形成了风格独特的东方家具体系，有着与西方家具截然不同的发展道路，在世界家具史上占据着极其重要的地位。尤其是中国的明清家具，风格独树一帜，对世界家具与室内陈设都产生了深远影响。

2.2.1　传统家具与室内陈设

中国传统家具与陈设可追溯到夏朝。家具作为生产力发展的产物，不同时代的家具与陈设体现出不同的社会风貌和风格特征。中国传统家具与陈设的发展大致可以分为以下几个阶段。

（1）夏、商、周时期家具

史前至夏商西周时期是中国家具发展的萌芽时期。史前先民们构筑房屋和修造水井的木工技术以及榫卯结构为家具的出现奠定了基石。当时的人们习惯席地而坐，家具也非常简陋，或以其他器皿兼具家具的功能。

商周时期青铜冶炼和铸造技术的发明，创造了在世界文化史上占据重要地位的青铜文化，同时也为制造木质家具提供了坚利的金属工具，使西周以后木家具得以快速发展。从《诗经》《左传》等文献的记载中可以发现，这一时期的木家具已有床、几、扆、箱等。此时也出现了青铜家具，从出土的青铜文物中可以看到商周时期的青铜礼器有青铜俎、青铜禁等。"俎"是一种专门用来屠宰牲畜的案子，古人将屠宰完的祭祀品放在俎上祭祀（图2-2-1）。"禁"是放酒器的台子，造型浑厚，装饰纹样多饕餮纹（图2-2-2）。因此，这一时期的青铜家具主要为奴隶主的祭祀活动服务，在各个方面都有严格规定，体现出奴隶社会的等级制度。从家具的造型上可以看出中国传统家具的雏形，例如桌案之始"俎""几"，箱柜之始"禁"，屏风之始"扆"等。在装饰方面以饕餮纹为主，其次还有夔纹、蝉纹、云雷纹等，具有神秘、庄严的风格特点，并带有浓厚的宗教色彩。

> 图2-2-1　青铜俎

> 图2-2-2　青铜禁

另外，这时期的漆木镶嵌家具已经崭露头角，新出现的漆木技术为商周时期漆木器的发展打下了基础。商代的漆器工艺已达到相当高的水平，西周漆器工艺技术已相当成熟，出土的家具表明那时的家具已经开始采用镶嵌蚌泡材料作装饰。

（2）春秋战国及秦汉时期家具

春秋战国时期（公元前770～前221年）虽战乱不断，但社会生产力仍旧在向前发展，社会形态也从奴隶社会逐渐向封建社会过渡。此时青铜家具的生产开始衰落，取而代之的是漆木家具。尽管青铜家具的制作工艺已极为先进，但漆木家具也进入了一个空前繁荣的阶段。尤其是像鲁班一样伟大工匠的出现，以及技术的改革，促进了漆木家具的发展。漆木家具多为框架结构，以榫卯连接。榫接的常见形式有十字搭接榫、开口不贯通榫、明燕尾榫、闭口贯通榫、闭口不贯通榫等。

此时人们的生活起居方式仍是席地跪坐，因此家具总体呈低矮的形式特点。从出土的大量生活用具实物可以看出，当时的漆木家具美观、特色鲜明，漆木俎、几，有足，通体髹黑漆，绘制朱色图案，俎板周围和侧棱以及足的外面绘制朱色卷云纹（图2-2-3、图2-2-4）。此时还出现了漆木床、漆衣箱（图2-2-5）、漆案等新品种家具。例如河南信阳楚墓出土的彩绘大床，床由帮、撑、栏、腿四部分组成，采用各种榫接方法，结构牢固，外形美观，这也是我国现存古代床中最早的实物（图2-2-6）。

> 图2-2-3　漆木俎

> 图2-2-4　漆木几（复原）

> 图2-2-5　漆衣箱

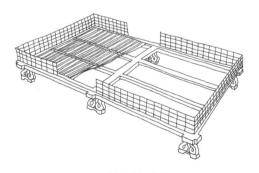

> 图2-2-6　战国彩绘大床

这一时期的家具装饰艺术除保留商周时期的传统装饰手法和纹样外，还产生了重叠缠绕、四面延展的四方连续图案组织。此外，雕刻技艺也被广泛应用于家具的装饰中，开家具雕刻装饰之先河（图2-2-7）。

> 图2-2-7　彩漆透雕动物纹座屏

　　秦汉时期（公元前221～公元220年），漆木家具的发展进入全盛阶段，不仅数量大、种类多、技艺精湛、生产地域广，在装饰工艺方面也有较大的发展（图2-2-8、图2-2-9）。《西京杂记》中记载，汉时天子的玉几上，冬天需加有丝绵织物，大臣的竹木几上则加用毛毡。可见，此时不仅出现了最早的垫子，而且家具材料也不仅限于木材，选材丰富而广泛，有玉制家具、竹制家具和陶制家具等（图2-2-10）。

> 图2-2-8　汉代云纹漆几

> 图2-2-9　长方形粉彩漆奁

> 图2-2-10　东汉玉屏座

　　西汉时，榻登由印度传入中国。榻登放在床前，供登床使用，可见床的高度有所增加（图2-2-11、图2-2-12）。据《太平御览》记载："灵帝好胡床。"胡床也称"交床""交椅"，是一种可折叠的轻便坐具，类似马扎，古代皇帝外出打猎多带胡床，供坐下休息（图2-2-13、图2-2-14）。可见，起居方式开始出现从席地而坐向垂足而坐的转变。

> 图2-2-11 宴舞 画像砖（拓片）

> 图2-2-12 传经讲学 画像砖（拓片）

> 图2-2-13 胡床

> 图2-2-14 有靠背的胡床

　　汉代的漆木家具在制作工艺上有了更精细的分工，在制造技术、装饰手法、使用范围等方面均形成了独有的特色。汉代家具的装饰除彩绘和画外，还镶嵌金银箔贴花，反映出当时社会的繁荣安定，体现华美的艺术风格特点。装饰花纹以灵动的云气纹为代表，其次动物纹也被广泛采用，此外还出现了宣扬孝子、义士、圣君、羽化升仙、烈女故事等题材，反映了汉人尊崇儒家、信奉道教、恪守"三纲五常""忠孝仁义"的伦理道德思想（图2-2-15、图2-2-16）。

> 图2-2-15 云气纹漆案

> 图2-2-16 云龙纹漆屏风

汉代是中国古代家具发展的又一鼎盛时期，可以说这一时期的家具是我国低矮型家具的代表。东汉后期西北少数民族文化进入中原，带来了高型家具，家具制作出现了新的发展趋势。

（3）魏晋南北朝时期家具

魏晋南北朝时期（220～589年）是我国民族大迁移、大同化和大融合的时期，对家具的发展产生了巨大的促进作用。随着外来文化的入侵，高型坐具的品种逐渐增多，垂足而坐的风俗盛行。此时的家具有扶手椅、束腰圆凳（图2-2-17）、方凳等，这些高型家具与中原低矮型家具相融合，形成了独特的渐高家具，如矮椅子、矮圆凳、矮方凳等。并且床在增高的同时，床体增大，增加了床帐、床顶（图2-2-18）和可拆卸的多折多叠围屏（图2-2-19）。

由于此时社会战乱动荡，佛教的传入为世人带来精神上的寄托，佛教文化盛行。这也使得家具的装饰一改汉代之风，在家具上出现了与佛教有关的装饰图案，如莲花、飞天、缠枝花等纹样，体现出浓厚的宗教色彩，形成了魏晋南北朝时期婉雅秀逸的崭新风格（图2-2-20）。

> 图2-2-17　北魏束腰形圆墩

> 图2-2-18　床榻

> 图2-2-19　东晋围屏

> 图2-2-20　北魏莲花墩

（4）隋唐及五代时期家具与陈设

　　隋唐时期（581～907年）是中国历史上最为强盛的时期，是中国封建社会实现大统一的两个朝代，在政治、经济、文化、艺术以及对外交流等方面都得到了空前的发展，这也促进了这一时期家具制造业的快速发展。但隋朝立国时间较短暂，存世的家具甚少，难以划分出独特的风格特征，只能说是前代的延续（图2-2-21）。

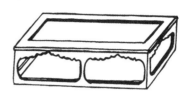

> 图2-2-21　带托泥大榻（隋）

> 图2-2-22　唐代雕花圈椅

　　唐朝是中国封建社会发展的顶峰时期，发达的手工业和繁荣的经济、文化使家具在材料、形式、装饰和品种等各方面取得了突出的成就。唐朝家具种类繁多，高、矮型家具并存，如扶手椅、圈椅（图2-2-22）、矮型书案（图2-2-23）等。家具在造型和装饰上与繁荣兴旺的大唐盛世风貌一脉相承，形成雍容华贵、流畅柔美、浑圆丰满、精巧华丽的家具风格，像腰圆凳（图2-2-24）、腰鼓形圆墩（图2-2-25）等，造型敦厚浑圆，多运用大弧度外向曲线，与唐朝贵族妇女的丰腴体态相似，体现出大唐盛世的华贵风韵。装饰纹样也一改前朝风貌，开始贴近生活与自然，多采用花鸟植物纹样，富有生活趣味（图2-2-26）。并且装饰技艺高超，多种装饰手法并用，增强了家具的艺术表现力和富丽华美的艺术效果。唐朝家具在制作及工艺上兼容并蓄，不仅对我国家具发展产生深远影响，在世界家具史上也占据极其重要的地位。

> 图2-2-23　矮型燕尾翘头案

> 图2-2-24　腰圆凳

> 图2-2-25　腰鼓形圆墩

> 图2-2-26　自然装饰图案的立地屏风

　　五代时期（907～960年）的家具改唐代的浑圆、繁缛，变得秀直、简朴，为宋代家具树立了典范。《通雅》记载："倚卓（椅桌）之名见于唐宋。"坐具变高，必然使桌出现，几案高度皆以坐面为基准。高型家具的出现，对室内器物、房屋高度产生很大影响（图2-2-27）。从南唐画家周文矩的《重屏会棋图》（图2-2-28）和五代画家顾闳中的《韩熙载夜宴图》（图2-2-29）中都可以看到椅、桌、几、案、床、榻、柜、箱、衣架等各类高型家具，种类齐全。

　　此时成套的家具不断发展，功能也日趋明显，家具也开始有了相对固定的陈设格局。五代高型家具初显成熟，为宋代家具步入成熟奠定了基础。

> 图2-2-27　座椅（五代）

> 图2-2-28　《重屏会棋图》中的床、案、榻、棋桌、屏风

> 图2-2-29　《韩熙载夜宴图》模本局部

（5）宋（辽、金）、元家具与陈设

宋（辽、金）代（960～1279年）是中国家具发展的重要时期，这一时期结束了延续千年的席地而坐的习俗，完全进入垂足坐的时代，高脚桌、椅、凳等高型家具已经在民间普及（图2-2-30）。在300余年的发展过程中，高型家具的种类已基本齐全，且形式多样，同时还创造了抽屉橱、琴桌（图2-2-31）、折叠桌、高几、圆墩、交椅等新型家具（图2-2-32、图2-2-33）。宋（辽、金）代家具结构精密合理，考虑结构与人体的关系，形态优美，使用方便（图2-2-34）。结构上采用梁柱式框架结构替代箱体壶门式结构，构件之间采用榫结合方法，如割角榫、闭口不贯通榫等。在家具腿部断面除采用圆面或方形面以外，也会采用马蹄脚、弯腿以及各种形式的雕花腿子等（图2-2-35）。

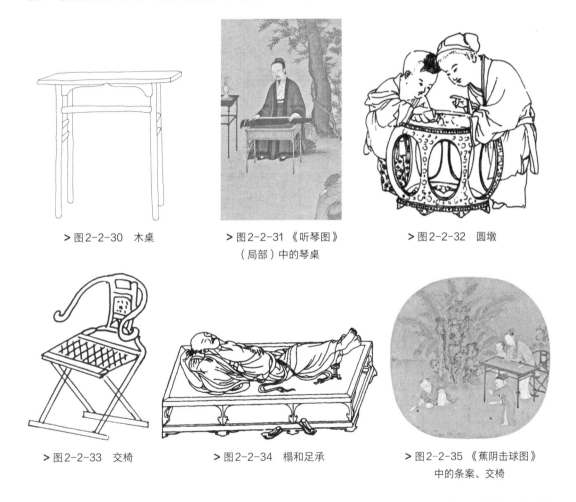

> 图2-2-30　木桌　　　> 图2-2-31　《听琴图》　　　> 图2-2-32　圆墩
　　　　　　　　　　　　（局部）中的琴桌

> 图2-2-33　交椅　　　> 图2-2-34　榻和足承　　　> 图2-2-35　《蕉阴击球图》
　　　　　　　　　　　　　　　　　　　　　　　　　　　中的条案、交椅

宋代室内布置具有了一定格局，一般厅堂采用对称的布局方式，而书房或者卧室则没有固定格局，且注意家具的摆放组合，并出现了最早的组合家具——燕几。总之，宋代家具的长足发展为明清家具的繁荣奠定了良好的基础。

元朝（1206～1368年）是由蒙古族统治者建立的统一王朝，这一时期的家具虽有所发展，但比较缓慢，地区间差别较大。元代家具与宋代有着截然不同的风格特点。元代统治者

习惯游牧生活，且勇猛善战，追求奢华享受，崇尚的是游牧文化中豪放不羁、雄壮华美的审美情趣。因此在家具制作上一改宋代简洁俊秀的风格，形成厚重粗大、繁复华美的独特艺术风格（图2-2-36、图2-2-37）。

> 图2-2-36　黄花梨圆后背交椅（元）

> 图2-2-37　抽屉桌（元）

（6）明式家具与陈设

中国家具经过漫长的演变和发展，到明代进入了完备成熟时期，形成了风格独特的"明式家具"，对世界家具发展产生了重要影响，这是中国家具发展的顶峰。

① 明式家具与陈设形成的背景

明代（1368～1644年）统治者经过一系列政治、经济措施的实施，使社会生产力得以恢复和快速发展。由于经济的繁荣，当时的纺织、冶炼、建筑、陶瓷都发展到较高水平，至明中叶，商品经济有了较大发展，并出现资本主义萌芽。明中后期"以银代役"的政策推动了手工业的发展，木工工具的改进和工匠高超的技艺为家具的制造提供了技术支持。隆庆初年（1567年），为缓和财政危机，开辟税源，政府开放海禁，许多坚硬、细腻的名贵木材得以进口，如花梨、紫檀、红木、楠木等。这些产自热带地区的木材色泽和纹理柔美，强度高，可制作精密构件，也可精雕细琢，为明式家具的形成提供了物质条件。

明代的城市园林、宅第建筑兴起，人们已经将建筑构件、家具、字画、工艺美术品等陈设品作为一个整体来处理，不同功能的室内空间由相应的家具配套。达官显贵均把家具视为室内设计的重要组成部分，在建造之初就根据室内进深、开间尺寸的大小去设计家具，成套地配置家具。这也为明式家具的大量生产提供了广阔的市场空间。

随着思想的解放，当时一批文人墨客热衷于研究家具的制作工艺和审美追求，积极地参与到家具与室内设计之中。他们站在自身的角度，强调家具风格应质朴典雅，同时他们赏玩、收藏或著书立论已蔚然成风。这无疑为明式家具赋予了更深的文化内涵，同时对风格的成熟起到巨大的推动作用。

② 明式家具的分类

明式家具种类齐全，造型丰富，按照使用功能分，大致可以分为以下五大类。

a.椅凳类：主要有官帽椅（图2-2-38）、灯挂椅、圈椅（图2-2-39）、交椅、玫瑰椅、方凳、圆凳（图2-2-40）、条凳、鼓墩、马扎等。

> 图2-2-38　黄花梨四出头官帽椅　　　　> 图2-2-39　榉木圈椅　　　　> 图2-2-40　紫檀圆凳

b.桌案类：主要有方桌（图2-2-41）、条桌、抽屉桌、月牙桌、琴桌、炕桌、平头案、翘头案（图2-2-42）、架几案、条案、茶几、香几等。

c.橱柜类：主要有圆角柜、方角柜（图2-2-43）、竖柜、四件柜、闷户橱（图2-2-44）、书橱（图2-2-45）、百宝箱等。

> 图2-2-41　黄花梨方桌　　　　> 图2-2-42　黄花梨翘头案　　　　> 图2-2-43　黄花梨高方角柜

d.床榻类：主要有罗汉床（图2-2-46）、架子床（图2-2-47）、拔步床等。

e.屏架类：主要有座屏（图2-2-48）、面盆架（图2-2-49）、衣架、灯架、镜架、花台等。

> 图2-2-44　铁力木闷户橱

> 图2-2-45　黄花梨小书橱

> 图2-2-46　黄花梨十字连方罗汉床

> 图2-2-47　黄花梨六柱龙纹架子床

> 图2-2-48　黄花梨插屏式座屏

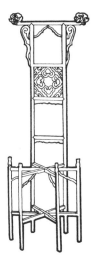

> 图2-2-49　黄花梨六足高面盆架

③ 明式家具的特点

明式家具以其精湛的技艺、完美的设计、优质的木材，造就出鲜明的特色。明式家具的艺术特色是多方面的，可以高度概括为四个字，即简、厚、精、雅。简，是指它的造型简洁利落，不烦琐；厚，是指它的形象浑厚、庄重、质朴；精，是指它的做工精湛、严谨准确；雅，是指它的风格典雅、格调高。

明式家具的具体特点表现在以下几个方面。

a.结构严谨，制作精湛。明式家具的结构极具科学性，在结构处一般不用钉和胶，主要采用不同的榫卯连接，既符合功能要求，又牢固美观。其攒边做法非常具有特色。结构与装饰完美结合是明式家具一项伟大的成就。合理地运用各种构件，如圈口、券口、挡板、矮老、卡子花、罗锅枨、霸王枨、托泥等，使它们在支撑家具的同时，也起到装饰美化的作用。

b.选材精良，古朴雅致。明式家具的用料主要有黄花梨、小叶紫檀、铁梨木、红木、鸡翅木、乌木、楠木等名贵木材，这些木材质地细腻、强度高、色泽纹理柔美。家具制作充分尊重木材本身的色泽和纹理，不加油漆，只磨光打蜡，装饰上绝不贪多堆砌，不作大面积雕饰，体现出明式家具清秀无华、古朴雅致的特点。

c.线条流畅，比例协调。明式家具以线造型，采用直线和曲线结合的形式，柔中带刚，虚中带实，堪称完美。家具各部分比例，装饰与整体形态的比例，都十分匀称而协调，表现出自然简练、大方典雅之美。

（7）清代家具与陈设

清朝（1644～1911年）是我国最后一个封建王朝，家具制作在继承明代家具的基础上进一步发展，同时吸收一些西洋家具的特色，呈现出家具新风貌。

清初经过一系列举措，农业、手工业、商业、对外贸易等得到全面复苏和发展，至乾隆年间，全国普遍呈现繁荣昌盛之景。在这种背景下，皇室开始修建宫廷御园，皇亲国戚、达官显贵们也竞相建造府邸花园，这些对家具的发展起到推波助澜的作用。

清代家具从历史发展脉络来看，大致可以分为以下三个阶段。

① 清初到康熙初。这一时期的家具基本保留了明式家具的风格特征，其形制仍保持简洁质朴的结构特征（图2-2-50）。

② 康熙末至雍正、乾隆、嘉庆时期。这段时间是清朝的鼎盛时期，家具风格也由朴素无华转向雍容华贵。清中叶以后，家具用料宽绰，形成凝重、宽大的家具形式（图2-2-51）。装饰繁缛，追求富丽堂皇的艺术效果。制作上采用多种材料、多种工艺相结合，充分利用雕、嵌、描绘等技法，对家具进行精雕细琢。此时的家具制作技术已经达到炉火纯青的境界，并吸收了外来文化的优点，形成了变肃穆为流畅、化简练为雍容的家具格调，被后世称为"清式风格"（图2-2-52）。

③ 自道光以后，经历了鸦片战争等一系列丧权辱国事件，中国开始沦为半殖民地半封建社会，国势日渐衰微，外来影响不断扩大。外来家具的不断流入，使中国传统家具风格受到冲击，开始走向衰落，同时又受到外来文化的影响，家具造型出现中西合璧的意趣。

> 图2-2-50　紫檀扶手椅

> 图2-2-51　木胎黑漆描金有束腰带托泥大宝座

（a）紫檀嵌玉菊花图宝座

（b）紫檀四开光番草纹坐墩

（c）紫檀嵌黄杨木莲花纹香几

（d）紫檀龙凤纹立柜

（e）紫檀三屏式罗汉床

> 图2-2-52　"清式风格"家具

清代家具造型的主要特征表现如下。

① 构件断面大，造型庄重，体量宽宏，有富丽堂皇、气势宏伟之势，与当时康乾盛世的社会风貌相吻合。

② 雕琢繁缛细腻，装饰手法多样。主要有木雕、漆饰和镶嵌三大类。其中木雕的应用较为广泛，有线雕、浅浮雕、深浮雕、圆雕、透雕、漆雕等。漆饰家具有雕漆、漆绘、百宝嵌三种做法。镶嵌时多用玉石、螺钿、木、石、骨、象牙、金、银等金属构件。装饰图案多吉祥如意、官运亨通、万寿长青等寓意的花草、鸟兽等。清代家具的装饰综合运用多种装饰手法，繁缛细腻，富丽堂皇。

③ 成套组合家具更加完善。家具设计结合不同的室内空间功能，配置齐全，内容详尽，同时与室内装饰也有了更为密切的关系，在布局上多采用对称形式。

④ 清式家具的另一重要特点是形成了地域性特色，不同的制作地点具有不同的风格特征。最具代表性的三大流派分别是"广作""京作"和"苏作"。"广作"是指以广州为中心生产出来的家具。当时广州对外贸易和文化交流频繁，受到西洋文化的影响，首先在建筑上模仿西洋样式，后来大胆吸取西方洛可可家具的风格特征，用料粗大，体质厚重，过度雕刻和装饰，形成了繁缛的风格特征（图2-2-53、图2-2-54）。"京作"家具以清代的宫廷家具为代表。此时社会正处于盛世，统治者为显示其正统地位，在家具制作上十分讲求气派。家具用料奢华，多为名贵木材和珍稀珠宝，造型上塑造挺拔威严之势，装饰纹样多取材于汉代画像，形成一种古色富丽的艺术风格，传递出庄重威严的皇家气派。"苏作"家具是指以苏州为代表生产制作的家具。苏作家具历史深厚，是明式家具的主要发祥地。清代苏作家具基本保留了明式家具的特点，用料节俭，朴素大方（图2-2-55）。随着清朝社会风气的变化，苏作家具也受到了一定影响。

总之，清代家具在继承历代传统家具的制作工艺和装饰手法的基础上有所发展和创新，形成了浑厚凝重、雍容华贵的独特艺术风格。这一时期的室内陈设已经发展得非常成熟，成

> 图2-2-53　广作嵌理石家具组合

> 图2-2-54　广作酸枝雕龙扶手椅

> 图2-2-55　苏作紫檀软屉玫瑰椅

套家具广受欢迎，如一几两椅、两几四椅，橱柜、书架对称使用，陈列品无论从颜色还是造型上都与家具形成统一。

纵观历史，中国传统家具与陈设在不同时期具有不同的特色，随着时间的推移不断探索、完善，最后形成十分成熟的体系。无论是优雅清秀的明代家具与陈设，还是浑厚的清代家具与陈设，甚至于春秋战国还不成熟的室内陈设，都有一个共同的特点，就是"文人思想"的体现，表达出丰富的文化内涵。

中国传统室内陈设不仅与我国独特的生活起居方式及建筑空间结构密切相关，还建立在

> 图2-2-56　对称摆放的圈椅

等级制度之上，形成礼仪化的陈设格局。室内布局采用对称的模式，有明确的中心线，空间秩序清晰、明确，节奏感强。例如明清堂屋陈设，中心是翘头案，案前放八仙桌，两侧搭配扶手椅、太师椅或圈椅，整个空间规矩、严肃（图2-2-56）。从《韩熙载夜宴图》中也可以看到主人以榻或罗汉床为中心的接待场面，与主人相等的或地位较高的可以和主人一起坐在榻上听曲，而地位较低者只能坐在旁边椅子上听曲。

2.2.2　近现代家具与室内陈设

19世纪后半叶，外商在我国沿海的通商口岸兴办家具工厂，仿欧洲古典式家具和美国殖民式家具出现。因此，中国近代家具在外国家具的冲击下，无论是家具工艺还是家具品种、形态，都产生了重大的变革。

20世纪初，全国各地相继兴办家具手工工厂，木器工厂和手工作坊盛行，出现了"西式中做"的现象。20世纪30～40年代，随着西方各种设计思潮的传播，中国近代家具在沿海的一些大城市呈现出复杂的变化，形成了所谓"近代式""摩登式""大檐帽式""混合式""复兴式""流线型"等不同的家具形式。同时中国的传统家具和新式家具按不同的经营方式发展，比较简化的榫结构开始广泛流行。新材料如胶合板的出现，为现代家具的发展提供了更多条件，中国传统家具受到了工业化的冲击。

这一时期的室内陈设呈现出三种形式：一是延续中国古代的传统陈设方式，以传统家具为主体的对称式布局。二是由于受到西方设计思潮的影响而出现中西合璧的多样统一的室内陈设形式，曾一度出现了追随和模仿西方古典设计手法的潮流。但当时传统的对称布局形式并没有改变，只是在建筑构件的装饰和陈设物上加入了欧美的设计元素，体现出中西方文化交融的室内陈设风格。三是我国大部分城市的建筑和民居仍然延续着当地的室内陈设设计风格，如北京四合院、西北窑洞、少数民族住宅等，都反映出当地的自然特征和人文内涵。

　　新中国成立以来，我国家具与室内陈设设计发展缓慢，缺乏创新，直到20世纪80年代以后，这种僵化的局面才逐渐被打破。特别是改革开放以后，社会经济结构的变化，机械化水平的提高，家具企业大量从国外引进生产设备，硬件得到提高，同时私营企业也迅速发展，家具行业朝气蓬勃。在室内陈设设计上也取得了突破性的进步，陆续建成了北京香山饭店、广州白天鹅宾馆等，设计上更加注重室内空间意境与氛围的营造，反映了这一时期的最高设计水准。

　　20世纪80年代板式家具兴起，迎合了人们对现代家具简洁、实用的审美追求。随着市场经济的深入发展，人们的审美意识进一步提高，家具行业的竞争也日益激烈，单一、简练、没有多余装饰的板式家具开始被更多新型个性化的家具所替代，90年代以后家具市场呈现出百花齐放的局面。室内设计也逐步进入寻常百姓家，走向商业，开始为大众服务。随着社会的发展，人们的个性化意识日渐觉醒，室内陈设风格显现多元化的风格特征。

2.2.3　2010年至今的家具与陈设

　　随着新材料、新技术的出现，金属、织物、竹藤、玻璃、塑料等材料被广泛应用于现代家具的设计制作中，生产出不同风格和形式的家具。木质材料一直是中国家具的主流材料，而胶合板、刨花板、中密度纤维板等人造板材的应用，使现代家具在色彩、造型和装饰上更富有变化。

　　如今，人们对于室内陈设设计也有了更高层次的审美需求，从追求形式美感转向文化内涵，越来越注重空间意境的营造和品位的提升。在表现方式上也呈现出多元化的特点，有复古怀旧型、简约环保型、自然朴素型、活泼俏皮型，等等。人们越来越重视陈设设计对室内环境的重要作用，同时室内陈设设计对现代人的生活方式也产生了举足轻重的影响。

　　中国近现代家具与室内陈设的发展历程跌宕起伏，从模仿、改进、消化到创新，呈现出勃勃生机。在新一代设计师的努力下，中国家具与陈设设计根植于中华民族悠久的历史文化内涵，融合现代生活方式，从形式、材质和色彩等方面再创作，形成具有民族特色和科学内涵的东方家具与陈设体系，在国际设计舞台上绽放奇光异彩。

2.3　家具与陈设设计未来的发展趋势

2.3.1　智慧化

　　21世纪科技创新成为推动经济社会发展的先导力量，家具设计的智慧化，是近年来随着科技和设计的不断发展而出现的一种新型设计理念。这种理念不仅在家具的功能和外观上有所突破，同时也融入了更多的科技元素，让家具更加智能化、便捷化，更好地满足人们的生活需求。

　　通过引入人工智能技术，家具可以根据用户的需求和生活习惯进行自我调整和优化，实现更加人性化的功能。例如，智能化的沙发可以根据用户的体型、坐姿等因素进行自动调整，提供更加舒适、健康的坐姿体验；智能化的床垫则可以根据用户的睡眠习惯和身体状况进行调节，提高用户的睡眠质量。

家具设计的智慧化还涉及物联网技术的应用，通过物联网技术，家具可以与其他家居用品进行连接和互动，实现家居生活的智慧化。例如，通过智能家居系统，可以实现远程控制家电、灯光、窗帘等设备的开关，提高便利性。

2.3.2　模块化

模块化是指为了达到更好的效果，从系统的观点出发，研究系统的构成形式，建立不同的模块体系，并用模块组合产品。具体而言是以功能为依据对家具进行系统化划分，根据不同功能进行模块化设计，使室内陈设整体化、系统化，使人们的生活更加便捷和高效。

例如，衣柜是一系列功能的集合体，包括悬挂衣服功能、平放衣服功能、支撑功能、围合功能等。设计师将所有功能进行合理划分，采用合适的材料进行分隔，形成准确的模块结构，最后形成能满足以上功能的产品系统。小到每个家具，大到一块区域的家具，甚至整个空间的家具，都是一个大的模块化系统。

2.3.3　生态化

家具设计的生态化，是指设计过程中充分考虑生态家具的标准，运用生态的设计方法和原理、生态的技术和制造工艺设计制作家具。不仅设计产品符合规定的指标，满足使用功能和精神需求，而且包括材料的选择、结构的设计以及生产、使用和回收等各个环节都不会损害人体健康，并且把对生态环境的损耗降到最低，以实现设计生态化、材料生态化、制造生态化、包装生态化、营销生态化。

室内陈设的生态化，首先要选择生态绿色的环保材料，其次在陈设设计上充分利用自然资源，选择一些绿色植物进行陈设装饰，为人们的生活营造自然清新的健康环境。

2.3.4　民族化

东西方的家具与陈设经历了从古至今几千年的历史变迁，见证了人类文明发展的足迹，形成了不同时期、地域和民族的不同风格特征。随着世界的一体化，各国交流日益频繁，在家具与陈设设计上呈现出趋同和融合的局面，民族化特色的体现不够突出。近年来人们开始意识到传统文化的重要性，认为"民族的才是世界的"，因此，民族化是现代家具发展的一个重要趋势。

课题训练

1.试述外国家具与室内陈设发展历程中的各风格、流派及其主要特征。

2.试述中国传统家具与室内陈设发展历程中各个时期的主要风格特征。

3.列举出你最欣赏的现代家具设计大师或者某风格流派，并简要阐述理由。

4.结合所学知识并实地考察家具、家居市场，谈谈对现代家具与陈设设计发展趋势的看法，并说明理由。

3

人体工程学与家具功能设计

学习目标

1. 掌握人体工程学原理在家具设计中的应用，了解人体动作、尺寸、机能等对家具设计的影响。

2. 通过实践学会结合人的生理特性和行为习惯来设计家具的功能布局、尺度和形态，以满足人性化需求。

3. 学会运用人体工程学知识评估现有家具产品的优缺点，并能依据相关原则设计出合理、舒适的家具。

人是使用家具的主体，成功的家具设计首先要满足人的生理与心理的双重需求。这就要求设计师从科学的角度切入，研究家具设计与人体生理和心理机能之间的关系，充分理解人体构造、基本尺度、体感、动作等人体机能的特征，并以此作为家具设计的基础。

家具的功能设计是家具设计首要考虑的要素，不同功能的家具设计适用于不同的使用需求。功能设计对家具的内部结构与外观造型有着决定性的作用，是家具形式的基础，同时也影响着家具设计的合理性、实用性及舒适性。通过人体工程学知识来探知人体与家具的关系是家具设计的重要前提，也是家具设计师进行家具设计的基本依据。

3.1　人体工程学的概念与作用

3.1.1　人体工程学的概念

人体工程学（Human Engineering）又称人类工程学、人机工程学、人体工学、人类工效学或人间工学，是一门探索人的工作能力和极限，协调人—机—环境三者之间的相互关系，以适应人的生理与心理活动需求，取得最佳作业效能，益于人的身心健康的一门学科。

在人体工程学的人、机、环境这三个要素中，"人"是指使用者或作业者，是主体；"机"是指机器，但其意义更为广泛，包括人使用和操作的一切对象；"环境"是指人生活和工作接触到的一切环境因素，例如温度、湿度、照明、噪声等。

人体工程学起源于欧美，早期仅用于探求人与机械之间的协调关系。随着现代设计的发展，日益强调"以人为本"的设计理念，人体工程学也更加强调从人本身出发，并且广泛地应用到产品设计、室内设计、家具设计等各个现代设计领域，以使"人"这个主体在使用或操作"机"这个客体的同时，能够更加科学、高效地支配周围的"环境"。

3.1.2　人体工程学在家具功能设计中的作用

（1）为确定家具最优尺寸提供依据

人体工程学是以人体测量为基础的，包括人体各部位的基本尺寸，以及人活动时肢体所触及的尺寸范围等，为家具设计提供精确的数据依据。具体来说，人的姿势主要有站姿、坐姿和卧姿三种，要想减轻人在使用家具时身体的负担，使人获得便捷与舒适，家具设计就要依据人体测量采用最优尺寸，这也关乎使用者的身体健康及行动的安全性。同时，确定尺寸也有利于家具的机械化批量生产。

（2）提高家具使用效能

现代人的活动空间、活动内容和活动性质呈现出多元化的特点，有时还会伴随着工具的使用或者出现复合动作，因此，在家具设计的时候不仅要考虑到家具本身的尺度问题，还应与其使用的场所、人群以及空间尺度等要素相联系。这就需要设计师通过人体工程学相关知识进行综合分析，以提高家具使用效能，从而满足人的各种活动需要。例如，近年来比较常见的儿童家具的设计就充分考虑到使用者的生理和心理需求的特殊性，确保儿童使用时的舒适性和安全性等。

（3）为家具性能评价提供依据

现代人对于家具的选择除了本能的生理需求外，对于家具性能也十分重视。所以，现代家具性能的评价标准体系也日益完备和成熟。例如，对于沙发、床垫等软体家具的设计，需要对人体在休息、睡眠等状态下的呼吸、脉搏、姿势变化、疲劳度等进行一系列生理和心理的计测，以此作为家具性能评价的依据之一。

3.2　人体机能与家具功能设计

3.2.1　人体系统

人体系统如同一台复杂而精密的仪器，身体各个部分协调合作，共同维持人体的运转。家具直接与人体发生联系，因此家具设计必须了解人体基本的生理机能特征，包括人体的构造、支配人体活动的组织系统等。

人体可以分为头部、颈部、躯干和四肢，但从生物学上来讲，人体除以上部分外，亦包括运动系统、消化系统、呼吸系统、泌尿系统、生殖系统、内分泌系统、免疫系统、循环系统、神经系统、感觉系统等。在以上组织系统中，与家具设计及应用的关系最为密切的是运动系统、神经系统和感觉系统。

（1）运动系统

运动系统可以分为两个部分，即骨骼系统和骨骼肌系统，由骨、关节及骨骼肌组成，大约占成人体重的60%。骨通过关节相连形成人体骨骼，起到支撑、保护和维持人体形态的作用，同时也是测量人体比例与尺寸的依据。骨骼肌又称横纹肌，附着于骨之上，在人体的运动中处于主动地位。通过骨骼肌的收缩与舒张牵引各骨关节位置的改变，才能形成人体屈伸、收展等不同的动作，并且能够使人在使用家具时维持某种姿势。

各种形式和功能的家具要适应人体不同的肢体形态，就需要对运动系统各组成部分进行深入研究。例如，人体在活动状态下各骨关节的位置会发生变化，形成不同的姿态，这就需要我们考虑家具与人体不同姿态之间的承托关系，并研究人体各种姿势下的骨关节转动与家具的关系。又如在始终保持一种姿势的情况下，人体得不到放松，肌肉会因为长时间的紧张而产生疲劳，因此人需要时常变换姿势使得各部分肌肉可以交替休息。而供人休息的家具，就是能让人在使用时肌肉得到放松，肌肉疲劳减少或消除。同时研究家具与人体肌肉承压面的关系也十分必要，因为肌肉的营养靠血液循环来维持，一旦血液循环受压而被阻断，则会阻碍肌肉的活动。

（2）神经系统

神经系统是人体内起主导作用的系统，由脑和脊髓及附于其周围的神经组织构成，可以说是人体的"总部"，结构和功能十分复杂。神经系统对人体各部分器官、组织系统的活动进行直接或间接的控制和调节，以实现和维持人体的各项活动。

（3）感觉系统

感觉系统是处理人体感觉信息的系统，能够激发神经系统支配人体活动。当人的耳、眼、皮肤、鼻等感觉器官受到内外环境刺激的时候，感觉系统会将所接收到的听觉、视觉、触觉、嗅觉等信息传输到神经系统，由大脑发出指令产生反射式行为活动。例如，人长时间直立坐在座椅上，脊柱和背部肌肉得不到休息和放松，这时肌肉会通过感觉系统将"疲劳"的信息传递给神经系统，神经系统支配人体做出反射性的行为——靠在椅背上或者变换就座姿势。

3.2.2　人体基本动作

人体的动作千姿百态、千变万化，人在立、坐、卧、走、跑、跳等不同的动作中会展示出不同的体态特征。人体不同的动作形态关系到家具的尺寸大小和空间需求等问题。从前面论述的运动系统、神经系统与感觉系统之于家具设计的重要性可以明显看出，家具设计必须适应人体不同姿态、人体骨骼和肌肉结构，这样才能让人在使用家具的时候减轻身体负担，得到放松和休息，进而为人的生活、工作和学习提供方便，提高效率，提升品质。在人体变化万千的动作形态中，最能够影响到家具设计的主要有立、坐、卧。

（1）立

站立是人类最基本的动作形态，由人体的骨骼和关节支撑。人体在站立时可以进行多种以及较长时间的活动，这主要是由于人体骨骼和肌肉在活动过程中处于变换位置和调节休息的状态。但是如果人体长期处于站立姿势进行行为活动时，人体一部分关节和肌肉会长期处于紧张状态，也容易产生疲劳。在人体站姿活动中，变化和活动最少的就是腰部骨骼和肌肉，所以人们需要经常活动腰部缓解劳累，这时可以借助立式凭倚类家具或者改变站立姿势等方法。

（2）坐

坐也是十分常见的一种人体基本动作，除了比站立让人体感到更轻松以外，更重要的是人们在日常生活和工作中有相当一部分的活动都要坐着来完成。当人体处于"坐"这一姿势时，骨盆和脊椎的关系失去了原有直立姿态时的腿骨支撑关系，人身体的重量主要由臀部坐骨结节点承担，人体的躯干结构就不能保持平衡。所以，需要借助坐具的坐平面和靠背来维持身体平衡和放松。

（3）卧

卧姿通常是人在休息或睡眠时呈现的姿势。相较于人体的站姿和坐姿，卧姿能够让人的脊柱、骨骼从较大的承重状态中解放出来，让肌肉更加松弛，使人全身得到最大限度的放松，消除疲劳。从人体骨骼和肌肉的结构来看，卧姿既与坐姿时的脊椎形态完全不同，但也不能简单地将卧姿看成站姿的横倒。因为当人站立时腰和臀部凸出于腰椎距离较大，基本呈S形，而仰卧时腰椎近乎伸直状态。由于人仰卧时身体各部分重量呈平行分布并垂直向下，且大部分由卧具承担，因此卧具功能设计的合理性直接关系到人的休息状态。

3.2.3　人体尺寸

人体尺寸可以分为构造尺寸和功能尺寸，又称作人体的静态尺寸和动态尺寸，是家具功能设计的基本依据。

人体构造尺寸即静态尺寸，就是人体各部分的具体尺寸，对与人体发生直接关系的事物有较大影响，比如家具、服装和设备等，为其设计提供相应的人体数据。如座椅的坐高和坐宽的确定、高端服装品牌的私人定制等，这些都与人体构造尺寸息息相关。

人体功能尺寸即动态尺寸，是指人在进行某种活动时肢体所能触及的空间范围，既包括平面范围，也包括立体空间范围。相较于人体构造尺寸，功能尺寸在设计领域有着更为广阔的应用空间。在使用功能尺寸时强调的是人体动作的动态性和连续性，而不是将人体的各个部分当成独立活动的个体。如当人在厨房活动时，可能需要完成洗菜、切菜、烹炒、拿餐具等一系列动作，这些动作有些是在水平面上完成，有些需要利用立体空间完成。所以，设计家具时就要考虑人在使用不同功能家具时的动作尺寸范围，我们将这个人体活动时四肢所触及的尺寸范围称作"作业区"（图3-2-1）。

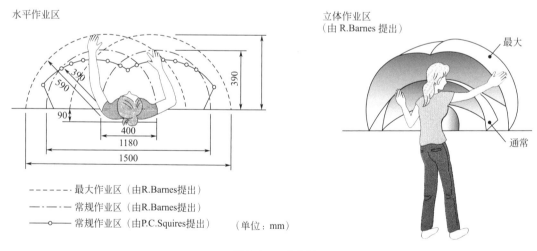

> 图3-2-1　作业区

由此可见，要为一件家具确定科学、合理、适宜的尺寸，以上两种人体尺寸都要考虑。其中，人体构造尺寸是基础，有利于我们了解人体各部分的具体尺寸，如肩宽、腿长、臂长等；对于人体功能尺寸的了解，有利于我们把握人在立、坐、卧时的肢体活动范围。

然而，人体尺寸会因性别、年龄、地域、种族以及身体缺陷等各种因素而存在差异，因此对于人体尺寸的应用并不是绝对的，应具有相对的灵活性。当面对人体尺寸的个体差异时，在家具设计上必须满足大多数人的使用需求，所以如何选取最佳尺寸是我们需要研究的主要问题。在人体工程学中百分位是人体尺寸情况最直观的体现，它表示等于和小于某一人体尺寸的人数占统计对象总人数的百分比，因此它不是确定的数值。我们通常采用百分位来表达人体尺寸测量数据，并以此确定家具的最优尺寸。在实际应用中，应该根据不同的设计内容和性质来选取合适的百分位数值。具体如下。

① 设计满足人体总高度或者宽度的家具时，一般选取95百分位，也就是满足高个子或大体量人的使用需求，其他人使用起来肯定没问题，例如床的长度、宽度。

② 设计满足人体坐姿或站姿等的家具高度时，一般选取5百分位，例如能够满足矮小身材的人使用的座椅高度，对于高个子的人自然不成问题。

③ 对于一些常用的高度尺寸，通常会选取50百分位，例如门把手高度、门铃、开关的高度等，这样可以满足各个身高范围的人群使用。

④ 对于一些特殊情况或者涉及安全问题时，例如针对儿童、老人、残障人士等人群的家具设计，可以适当增加可调节尺度的功能，使其使用起来更加方便和安全。

总而言之，"容得下的空间"选用大百分位；"够得着的距离"选用小百分位；满足大部分需求，选取平均百分位。我们只有充分认识并正确应用人体尺寸数据，才能更好地实现运用人体工程学知识设计家具的目的。

3.2.4　人体机能影响下的家具功能设计

家具是日常生活的必需品，在人们所处的环境、所从事的活动中都扮演着重要的角色。工作时需要工作用家具，休息时需要休闲家具，用餐时需要餐桌椅，睡觉时需要卧具，每种家具的功能设计都对应相应的需求，都需要具备一定的合理性。

所谓的家具功能合理，就是家具的设计能够适应人体姿势的变化，让人们在使用家具时感到方便、舒适。无论是人体活动变化，还是人们对于家具功能的需求，都与人体生理机能息息相关。因此，家具的功能设计必须以人体生理机能为基础，结合人体工程学相关知识进行设计。现代家具作为室内设计中重要的陈设部分，不仅满足使用者最基本的生理需求，对于其心理需求也有更进一步的关注，使人在使用家具进行某种活动时能够达到目的，产生正常的生理和心理变化。

由此可见，对于人体机能的研究可以使家具设计更具科学性。由人体活动及相关的姿态，人们设计生产了相应的家具。根据家具与人和物之间的关系，可以将家具划分成三类。

① 坐卧类家具：又称为支承类家具，分为坐具类与卧具类，是对人体活动起到支承作用的家具，如椅、凳、沙发、床、榻等。坐卧类家具是人们生活中主要使用的家具种类，与人体直接接触，用于人的学习工作、休息休闲等各种活动。

② 凭倚类家具：不直接支承人体，在人体活动中起到辅助作用，供人体在坐或站立姿势

下倚靠，以维持身体平衡或缓解疲劳，如桌、案、台、几等。大多凭倚类家具还兼具储物和陈列物品功能，因此凭倚类家具虽对人体活动只起到辅助作用，但其平面高度等尺寸也与人体尺寸密切相关。

③ 贮藏类家具：也称储藏类家具，与前两种类型的家具不同，贮藏类家具不直接作用于人体，与人体产生间接关系，主要有贮藏和收纳物品及分隔空间的作用，如箱、柜、橱、架等。贮藏类家具需保证人们在使用时可以方便地存放和拿取物品。

以上三类家具基本涵盖了人们日常生活中各种活动所需的家具类型。在后面几节，我们将按此分类从人机工程学的角度详细讲解家具功能设计的基本要求。

3.2.5　心理因素与家具设计

在家具设计中，不仅人体尺度、人体机能对设计产生影响，人的心理因素对家具设计的造型、色彩、材质等方面也有着一定的影响。

首先，从家具造型上来说，不同的家具造型会给人带来不同的心理感受。例如，圆形家具可以营造出一种温馨、柔和的氛围，使人感到放松和舒适；而方形家具则给人一种稳重、端庄的感觉，适合用于正式场合。此外，一些具有创意和个性的家具可以激发人们的想象力和创造力，使人感到兴奋和充满活力。

其次，不同的家具色彩能够激发不同的情感和联想。例如，红色能够激发人们的热情和活力，而蓝色则能够给人带来宁静和放松的感觉。儿童比较喜欢活泼、明亮的色彩，而老年人则偏向于稳重、中性的色彩。人们对于色彩的喜好较为主观，而且会随着年龄或者潮流变化等而发生改变。因此，设计者应考虑到家具的受众人群和使用场合。

家具设计中的材质也会对人的心理产生影响。不同的材质给人以不同的触感和视觉感受。例如，木质家具给人一种自然、舒适的感觉，而金属家具则给人以现代、科技之感。心理因素在家具设计中扮演着至关重要的角色，设计师应该充分考虑人们的心理需求和感受，设计出更加符合人们心理需求的家具产品，让人们在使用家具的同时，也能够得到更好的心理体验。

3.3　不同功能家具的基本尺度与设计要求

3.3.1　坐具的基本尺度与设计要求

坐具类家具的设计必须严格参照人体测量数据来确定最优尺寸，同时还应尽量减小椅子前缘与腿部的压力，椅背和椅垫的设计也要充分考虑到减轻人体负担，使人坐得舒适。不同的日常生活行为需要使用不同功能的坐具，同时对于坐具舒适性的要求也不尽相同。按照坐具的用途不同，可以将其分为以下三类。

（1）工作用坐具

工作用坐具主要用于人们的日常工作、会议和学习等活动，多用于办公空间或者文化空间等场所，主要产品种类有凳、靠背椅、扶手椅等。这类坐具的特点是既能够满足人们的工作学习需求，又能够给身体提供适当的休息，让人在工作效率提高的同时感到方便和舒适。

① 坐高：坐高是指坐具的坐面与地面的垂直距离，但由于椅坐面常向后倾斜或有时做凹形曲面，因此我们通常将椅坐面的前缘至地面的垂直高度作为椅坐高。坐高是影响坐姿舒适度最重要的因素之一，坐面高度不合理会导致不良坐姿，坐的时间稍久就会使人的腰背部产生疲劳。如图3-3-1所示，通过对人体坐在不同高度坐凳上腰椎活动度的测定可以看出，坐面高度为400mm时，腰椎活动度最高，即最易感到疲劳；比400mm稍高或稍低的坐高，人体腰椎活动度会有所下降，舒适度也随之增大。

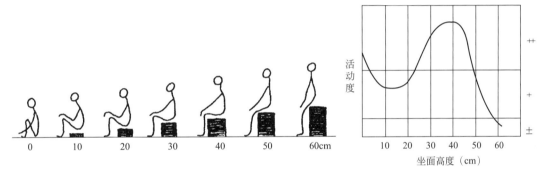

> 图3-3-1 不同坐高与腰椎活动度

虽然座椅的椅背可以缓解一部分疲劳，但其坐高也不宜过低或者过高，因为它与坐面上承受的体压分布密切相关。如图3-3-2所示，不同坐高下的人体体压分布有显著差异：当椅坐面过低时，大腿前部碰不到椅面，此时体压分布过于集中，容易使人感到疼痛，还会使人形成前屈姿态，增加背部肌肉负荷，并造成人体重心过低，起立时感到困难；当椅面过高，双脚不能着地，使大腿前半部近膝窝处软组织受压，会导致血液循环不畅，肌腱发胀发麻

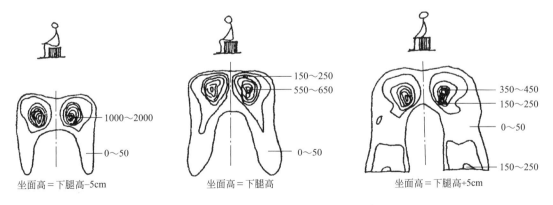

> 图3-3-2 不同坐高与体压分布（g/cm²）

> 图3-3-3 坐面高度不适例

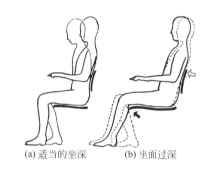

> 图3-3-4 人体与坐深

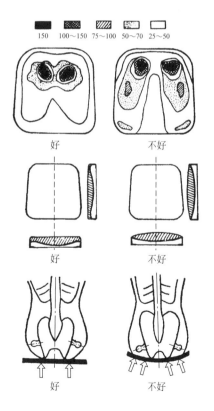

> 图3-3-5 坐面曲度与体压分布（g/cm²）

（图3-3-3）；只有当坐面高等于下腿高的时候，压力较小，最舒适。因此，设计时应寻求合理的坐高与体压分布，在实际设计中，坐高应小于使用者膝窝到地面的垂直距离，使小腿有一定的活动余地。

② 坐宽：根据人体的坐姿与动作，坐面宽度一般呈前宽后窄，前沿宽度为坐前宽，后沿宽度则为坐后宽。椅面的宽度应使臀部得到全部的支撑并有适当的活动余地，便于人体坐姿的调整。如果是联排座椅，坐宽应比人的两肘间距稍大一些，以保证人的自由活动。一般靠背椅的坐宽不小于380mm就可以满足使用功能的需要。坐宽也不宜过宽，应以自然垂臂的舒适姿态肩宽为准。

③ 坐深：指坐面的前沿至后沿的距离，对人体坐姿的舒适度有很大影响。如果过深，就会使腰部支撑点悬空、膝窝处受到压迫而产生麻木、疲劳，起身也比较困难。适当的坐深通常小于坐姿时大腿的水平长度，使坐面前缘离开小腿约60mm的距离，以保证小腿的活动自由（图3-3-4）。根据我国人体平均坐姿大腿水平长度，一般坐深选取380 ~ 420mm为宜。在正常工作中，人的腰椎与骨盆之间接近垂直状态，因此对于普通工作用椅，坐深可以稍浅一些。

④ 坐面曲度：人体呈坐姿时，坐面的曲度也会对体压分布产生影响，从而引起坐时感觉的变化。如图3-3-5所示，左边的体压分布较好，右边欠佳，这是因为左边的压力多集中于坐骨支撑点部分，而右边的则有相当的压力要由腿部软组织来承受。因此，座椅面应选择半软稍硬的材料，坐面前后也可略显微曲形或平坦形，这样才能减少臀部肌肉受压面积，增加座椅舒适度并方便人体起坐。

⑤ 坐面倾斜度：一般座椅的坐面设计向后倾斜，角度以3° ~ 5°为宜，有利于人体的休息放松。但人在工作时，脊椎和骨盆之间接近垂直状态，甚至前倾，因此对于工作用椅，水平坐面比后倾坐面更合理，有时也可以考虑前倾坐面设计。如图3-3-6所示，由德国的设计团队W team设计开

发的 W Chair，椅子座面微微前倾，下面左右两侧有支撑小腿的造型设计，这样可以使人在工作时身体自然前倾，更有利于集中精力，提高工作效率。

> 图3-3-6　W team设计的W Chair

⑥ 椅靠背：椅靠背可以支撑人体躯干，使腰背部的肌肉得到放松，缓解疲劳。在靠背的高度上有肩靠、腰靠和颈靠三个关键支撑点。肩靠应低于肩胛骨，高约460mm，以肩胛的内角碰不到椅背为宜。腰靠应低于腰椎上沿，支撑点位置以位于上腰凹部，高为180 ~ 250mm为宜。颈靠应高于颈椎点，一般应不小于660mm。椅靠背的宽度一般为350 ~ 480mm，舒适度也会随着宽度的增加而增强。由于工作时身体前倾，因此一般工作用椅只设腰靠，便于腰关节与上肢自由活动。

（2）休息用坐具

休息用坐具主要用于人们平时的休息休闲，产品种类以沙发、休闲椅、躺椅、摇椅等最为常见。相较于工作用坐具，休息用坐具更加能够缓解身体疲劳，使人得到最大限度的放松，获得极佳的舒适感，从而提升人们的生活品质。

① 坐高与坐宽：休息用坐具椅坐前缘的高度应略小于膝腘窝到脚跟的垂直距离，约330 ~ 380mm（不包括材料的弹性余量）。如果采用较厚的软质材料，应以弹性下沉的极限作为尺寸准则。坐面宽度一般在430 ~ 450mm以上。

② 坐深：由于多数休息用坐具都会采用软垫做法，坐下时坐面和靠背均有一定程度的沉陷，所以坐深可适当加大。轻便沙发的坐深在480 ~ 500mm之间；中型沙发在500 ~ 530mm之间；至于大型沙发可视室内环境而定，但也不宜过深。

③ 坐倾角与椅夹角：休息用椅设计的关键就是其坐面的后倾角和坐面与靠背之间的夹角。休息用椅利用坐面的倾斜，使人体向后将体重分移至靠背的下半部与臀部坐骨结节点。随着人体不同姿势的改变，坐面后倾角及其与靠背夹角有一定的关联，靠背夹角越大，坐面后倾角也就越大。如图3-3-7所示，通常倾角越大，休息性和舒适性越强，但是在一定范围内，有时倾角过大，不利于人们起身，反而造成困扰。

一般沙发类坐具的坐倾角以4°～7°为宜，靠背夹角以106°～112°为宜；躺椅的坐倾角在6°～15°之间，靠背夹角为112°～120°。值得注意的是，随着坐面与靠背之间夹角的增大，靠背的支撑点也必须增加（图3-3-8）。

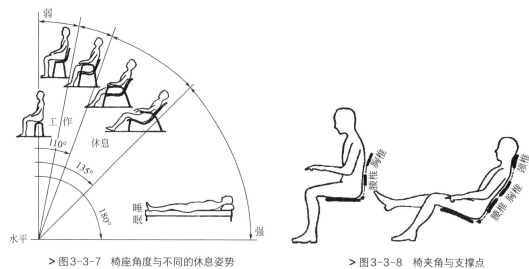

> 图3-3-7　椅座角度与不同的休息姿势　　　　　> 图3-3-8　椅夹角与支撑点

④ 软垫用材与弹性：休息用坐具一般都会采用软垫来提高舒适度，而软垫的用材与弹性的配合才是舒适度的关键。弹性是指人对材料坐压的软硬度或材料被人坐压时的返回度。一般小沙发的坐面下沉以70mm左右为宜，大沙发的坐面下沉应在80～120mm。坐面过软，下沉度过大，使坐面与靠背之间的夹角变小，人的腹部受到压迫，也不便于起立。

对于有靠背的休息用坐具，靠背应比坐面软一些，这样更有利于人体体压分布以及使用方便。靠背的腰靠部分应稍硬点，弹性压缩宜小于35mm，而背部的弹性压缩应在30～45mm。设计时应该以弹性体下沉后的安定姿势作为家具尺度计算的依据。

⑤ 扶手高度与内宽：扶手的设置可以减轻两肩、背部和上肢肌肉的疲劳，使人获得更加舒适的休息效果。但扶手的高度必须适当，太高或者太低，肩部都不能自然下垂，容易疲劳，根据人体自然屈臂的肘高于座椅面的距离，扶手的实际高度应该设在200～250mm（设计时应当减去坐面下沉）。扶手的间距净宽应略大于人体肩宽，一般不小于460mm，以520～560mm为宜，过窄或者过宽都会增加肩部肌肉的活动度，产生肩酸的疲劳现象（图3-3-9）。

> 图3-3-9　扶手间距过窄或过宽

扶手可以随坐面与靠背的夹角变化而略有倾斜，角度在10°～20°，有助于提高坐具的舒适性。在材料的选择上，不宜选择过软或者导热性强的材料，还应尽量避免棱角的出现。

（3）多功能坐具

这类坐具以功能形式多样化为特点，在具备传统家具功能的基础上，结合新材料，融合新技术丰富现代坐具类家具的功能。如图3-3-10，这件坐具是由家具设计品牌Designarium设计制作的Exocet Chair休闲躺椅。这款躺椅选用自然原木材质，赋予了这把椅子流畅的线条与轮廓，就像在水中游动的鱼儿一样。将"鱼头"作为杠杆的中心，把座椅尾部翻转至任何想要的角度，立起"尾巴"来可以变身高椅背，也可以横放于地上，变成躺椅、椅凳等，满足坐、卧、躺、趴等不同使用需求。

> 图3-3-10　飞鱼休闲躺椅

对于多功能坐具的设计，应注重其形式的可变性和功能的多样性，使坐具能够适应不同的环境条件、人体姿势以及使用人群等因素，同时还应采用新材料、新技术，不仅能够获得新的结构造型，还能实现坐具的新功能。

3.3.2　卧具的基本尺度与设计要求

卧具类家具主要包括床和床垫类家具，是专门供人们休息、睡眠的一类家具。睡眠休息是人类固定的生物钟，同时良好的睡眠能够缓解身心疲劳，是我们健康生活的保障。成年人每天平均睡眠时间为7.5个小时，人类睡眠时间会随着年龄的增长而减少。然而，健康睡眠的衡量标准并不在于睡眠时间的长短，而是睡眠质量，也就是睡眠的深度。

良好的睡眠环境有利于提高人的睡眠质量，对于健康生活是至关重要的。睡眠环境包括两个方面，第一是温度、湿度、通风、噪声、空间条件等外部环境；第二是卧具本身的性能这一根本条件。即使外部环境再好，如果与人体直接接触的卧具性能较差，人的睡眠质量也会受到影响。因此，设计良好的卧具类家具是保证高质量健康睡眠的根本，而以人体机能作为评价基准才能设计出高性能的卧具。

（1）卧具（床垫）的材料

卧具的材料主要是指床垫的材料，床垫支承人体，与人体直接接触，对睡眠的舒适性和质量起着关键作用。如果让人睡在一张硬板上，对于大多数人来说无疑是一件痛苦的事情，这是由于人体在仰卧时，相较于站立时脊椎弓背高度要减少20～30mm，接近伸直状态，且各部分肌肉的受压情况也不相同，因此背部脊骨突出的部位就会感到疼痛，更不便于调整睡

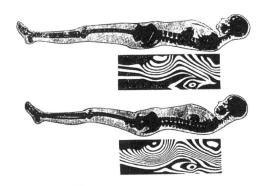

> 图3-3-11　床面与人体骨骼

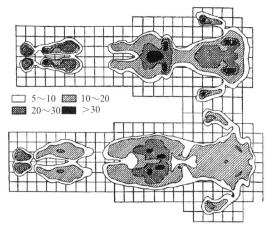

5～10　　10～20
20～30　　>30

> 图3-3-12　人体卧姿体压分布（单位：g/cm²）
>（上为硬床面，下为软床面）

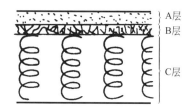

A层
B层

C层

> 图3-3-13　床垫的多层结构

眠姿势。所以，我们通常会在床垫上面加一层较为柔软的材料，但并不是床垫越柔软越舒适。如图3-3-11所示，上图是人体睡在软硬适度的床垫上的良好睡姿；下图是人体睡在过软的床垫上的姿势，由于床垫过软，背部和臀部下沉，腰腹部突起，形成骨骼结构不自然的"W"形。此时，人体为了调整这种不舒适的状态，会无意识地不断翻身，必然会影响睡眠质量。由此可见，床垫的软硬度的确定应以能否支撑人体卧姿最佳状态为标准。

床垫的软硬舒适度还与人体卧姿时体压分布有直接关系，体压分布得越均匀越好。我们通过不同的测量方法测出身体重量压力在床面上的分布情况，不同弹性的床面，其体压分布情况也有一定差异。当床面较硬时，体压分布集中在几个人体感觉敏锐的小区域，会造成局部血液循环不好、肌肉受力不适等情况；如果床面过软，受重力作用，人体腰部和背部承受大部分的压力，也会令人产生疲劳感（图3-3-12）。

因此要使人在睡眠时体压分布合理，就必须设计好床面或床垫的结构构造，使床垫既足够柔软又可以保持整体的刚性。如图3-3-13所示，床垫通常是由不同材料搭配而成的三层结构。A层直接与人体接触，必须采用柔软材料；B层则采用较硬的材质，以保证身体正确的睡姿；C层是承受压力的部分，采用稍软的弹性材料，如弹簧，可以起到柔和的缓冲作用，能够使B层上下平稳升降。这种刚柔兼备的床垫构造，有利于人体保持良好的睡眠姿势，保证睡眠质量。

（2）卧具的基本尺度

人的睡眠过程不是完全静止的，在熟睡中，人们也会辗转反侧变换姿势。因此，床的尺寸大小也会关系到人们睡眠的舒适度和质量。

床的宽度：当一个人仰卧不动时，所需的宽度等于或者小于肩宽，但酣睡时常常需要翻身，所以床的宽度需要留出翻身的余地，以免人因为担心掉床而无法熟睡。一般单人床的宽

度为仰卧时人肩宽的2 ～ 2.5倍；双人床的宽
度为仰卧时人肩宽的3 ～ 4倍。成年男子的平
均肩宽为410mm（因女子肩宽通常小于男子，
故以男子为准）。因此单人床的宽度不宜小于
800mm，双人床最小不小于1200mm。

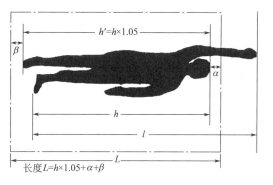

> 图3-3-14　仰卧空间与床长

床的长度：是指两头床屏板或床架内的距
离。根据"最大最小"原则，床的长度应该以较
高的人体作为尺寸标准。国家标准规定，成人用
床的床面净长一般为1920mm。如图3-3-14，床
的长度可以用下面的公式计算：

床长=1.05倍的身高+头顶余量（约100mm）+
脚下余量（约50mm）

床的高度：床的高度是指床面到地面的距
离。由于床还具备座椅的功能，因此可以参考
座椅高度，一般床的高度在400 ～ 500mm。对
于双层床的床间净高应保证下铺使用者有足够
的活动空间，但也不能过高，还需兼顾上层与

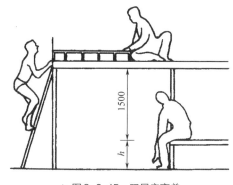

> 图3-3-15　双层床高差

顶面的距离。国家标准GB/T 3324—2017规定，双层床的底床面离地面高度不大于420mm，
层间净高不小于950mm。设计时还应考虑到上铺的扶手、爬梯和护板的尺寸及位置（图
3-3-15）。

3.3.3　凭倚类家具的基本尺度与设计要求

凭倚类家具是人们生活中不可或缺的辅助性家具，其基本功能是在人体从事坐姿或站姿
活动时，为人体提供相应的辅助条件，并可以兼作陈放或储存物品之用。通常将凭倚类家具
分为两类：一类是以人体坐姿时的椅座高为尺度基准，如办公桌、餐桌、课桌、制图桌等，
统称为坐式用桌；另一类是以人体站姿时的地面为尺度基准，如柜台、讲台、操作台等，统
称为站立用工作台。凭倚类家具虽不与人体直接接触，但在人体活动中起到重要的辅助作用，
在设计时也应考虑到人体动作尺度。

（1）坐式用桌

① 桌面高度：桌面高度与人体使用时的舒适度密切相关。当桌面高度过高时，会引起人
们耸肩等不良坐姿，使得人体肩颈及背部肌肉紧张，容易产生疲劳，降低作业效率。不仅如
此，还易造成脊椎侧弯和眼睛近视等身体疾病。当桌面高度过低时，会使人体脊椎弯曲程度
扩大，引起驼背、腹部受压，妨碍呼吸运动和血液循环等，造成肩颈和背部疲劳。因此，坐
式用桌的桌面高度应该和配套座椅的椅面高度保持一定的尺度关系，这样才能核算出合理、

舒适的高度值。我们通常会用以下公式来计算桌面高度，即：

$$桌高 = 坐高 + 桌椅高差（约1/3坐高）$$

但是，桌椅高差的常数也不是固定不变的，也可以根据具体情况而有所变化。如中国和日本以1/3坐高作为确定桌椅高差的依据，而欧美国家则以肘部到座椅椅面的高度作为确定桌椅高差的依据，这主要是由人种身高不同决定的。而家具的设计和生产不可能"量身定制"，因此在实际设计时，要根据不同的使用需求和特点对桌面高度进行适当增减。如设计书桌时，要考虑在上面用力书写，桌面可以略低一点；如设计餐桌时，考虑到就餐习惯以及桌面的轻微辅助作用，则餐桌面就可稍高一点；如果设计与沙发等休息椅配套的茶几，可取略低于椅扶手高的尺度。假如因特殊需求必须抬高桌面，则可以通过升高座椅或者增加足垫的方法来保持桌椅的正常高差。

② 桌面尺寸：桌面尺寸的确定应以人坐姿时手臂可达到的最大水平和竖向的活动幅度范围为基本依据，并考虑使用人数和桌面可能置放的物品及大小。如果是多人平行或者对坐使用的桌子，桌面大小要保证相互间的动作不相互干扰，并保持适当的交往距离，有些办公桌会直接用搁板隔开。同时还要考虑预留出置放物品、设备的位置，如电脑、打印机、日用物品等，还可以设计书架等附加装置，以满足使用需求。对于餐桌、会议桌等各类多人用桌的桌面尺寸，应以人体占用桌边缘的宽度为基本参照尺寸，舒适的活动宽度是按照600 ~ 700mm计算，通常根据使用实际情况也可缩减到550 ~ 580mm的范围。

另外，课桌、绘图桌等的桌面，可以设计成可调节倾斜度的形式，这样既可以使人获得最舒适的视域，便于读书写字，还可以缓解肩颈和背部的疲劳，更加适合工作和学习使用，但要充分考虑配套座椅的问题。

③ 桌下净空：对于坐式用桌的设计不仅要考虑到人体上肢的活动，桌下净空的设计对使用舒适性也有非常重要的影响。桌面下的净空高度应高于双腿交叉时膝部的高度，并留有上下活动的余地。因此带有抽屉的桌子，抽屉底板不宜太低，桌面至抽屉底板的距离应不超过桌椅高差的1/2，即120 ~ 160mm，这样才能够使人体下肢在桌下有足够空间放置和活动。除此之外，对于净空宽度和深度尺寸的确定，也应考虑到人体坐姿时双腿适当的活动和伸展所需空间，以免带来使用上的不便。

④ 桌面色彩和材质：在人的静态视野范围内，桌面的色彩和材质对人的生理和心理会产生一定的影响，也影响着人们的生活品质和工作效率等。一般情况下，桌面不宜采用鲜艳的色彩，这是由于色彩鲜艳不易使人集中视力，在光照的影响下还会刺激眼睛，容易产生视觉疲劳，不利于人的生活和工作。另外，桌面尽量不要选用光泽度高、传导性强的材质，易使人体感到不适，如玻璃、金属材质等。但是，现代家具设计中，也会有一些桌子的设计为了突出风格特征和强调装饰性而采用个性化的色彩和材质。

（2）站立用工作台

日常生活中比较常见的站立用工作台有售货台、收银台、讲台、服务台、展示台、操作台以及其他各种工作台等。

① 台面高度：站立用工作台的高度与人体身高有关，通常认为，最佳操作高度是略低于人站立时自然屈臂的肘高水平。合理的台面高度不仅益于身体健康，还有助于提高工作效率。根据我国人体的平均身高，工作台面高度应在910～965mm范围为宜；对于一些特殊需求的工作而言，则台面可适当降低20～50mm，如超市收银台、厨房操作台等。

② 台下净空：站立用工作台的下部，不需要留有腿部活动的空间，一般会设计成柜、架等方便存放物品的部分。通常柜、架的底部不会直达地面，目的是为底部留有置足的空间，有时也会专门留出内凹空间，这部分空间的高度一般为80mm，纵深为50～100mm。台面下充分的置足空间可以方便双脚着力动作，以适应人体紧靠工作台时的操作活动。

③ 台面尺寸：站立用工作台的台面尺寸主要由各种操作所需的表面尺寸、表面放置物品状况、室内空间和布局形式等多种因素共同决定，没有统一的规格。

3.3.4　储藏类家具的基本尺度与设计要求

储藏类家具又称贮藏或贮存类家具，主要用于收纳、整理、陈列日常生活中的器物、衣物、书籍、消费品等。根据储存物品方式的不同，可以将储藏类家具分为柜类和架类两种。柜类主要有橱柜、衣柜、书柜、酒柜、陈列柜、床头柜、电视柜、鞋柜等；架类主要有书架、博古架、衣帽架、陈列架、装饰架等。

储藏类家具的功能设计需要考虑到两个方面的问题：一个是人与家具之间的关系，要求家具设计符合人体尺度，方便人们使用；另一个是家具与物品之间的关系，要求根据存放物品的不同，设计出既合理又高效的储存方式。

（1）储藏类家具与人体尺度的关系

储藏类家具是用于收纳、整理、陈列人们日常生活物品的必备家具，因此其功能设计必须以人体高度和四肢活动所触及的范围尺度为基本依据，以确定合理正确的柜、架、搁板的高度位置及空间配置。

① 高度：根据人体动作行为和使用的方便性，可以将储藏类家具的高度分为三个区域（图3-3-16）。第一区域是从地面至人站立时手臂下垂指尖的垂直距离，即650mm以下的高度区域，该区域储存物品不太方便，需要人蹲下操作，一般存放一些不常用的重物，如箱子、鞋子等。第二区域是以人站立时肩部为轴，以上肢长度为活动半径的

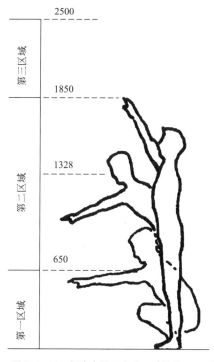

> 图3-3-16　柜类家具尺度分区（单位：mm）

垂直范围，即650～1850mm高度区域，此区域通常被认为存取物品最为方便，同时也是人的最佳视域，这个区域可以放置一些常用物品，如当季的衣物、日常用品等。第三区域是指1850mm以上高度的区域，这个区域主要是为了扩大储藏空间，提高家具使用效率。此区域使用起来极为不便，因此可以放置一些较轻的不常用或者过季性物品，如被褥、衣物等。

根据人体动作范围和各区域储物的特点，可以设置搁板、抽屉、挂衣棍等划分家具内部空间。设置时需要考虑物品尺寸大小和储存方式及人的最佳视域等问题，以便统筹合理安排，设计出既节省空间又方便使用的家具。

② 宽度与深度：储藏类家具的宽度与深度的确定是由多种因素共同决定的，例如存放物品的大小（往往与人体尺度有一定相关性）、种类、数量、方式等，很大程度上还与人造板材的合理切割与产品设计模数化、系列化的程度有关。根据储存物品和不同板材出材率进行综合考虑，柜类家具一般以800mm为基本宽度单元，深度上衣柜一般为550～600mm，书柜则为400～450mm。

在设计储藏类家具时，除考虑与人体尺度的关系外，还应考虑其与空间尺度的关系，使家具陈设与室内取得较和谐的视感。例如，家具尺度过大，会让人在视觉上产生阻隔感；反之则不仅不利于收纳，还会使空间显得空阔。

（2）储藏类家具与储存物品的关系

储藏类家具的设计除了要以人体尺度为基础外，还应研究收纳与存放的物品的种类、尺寸、数量以及储存方式，这些因素直接关系到储藏类家具的外观形式和尺寸大小。

在物资丰富的现代社会，生活中所需物品的种类和形式也越来越趋向于多样化，为了合理储存，必须找出各类物品存放容积的最佳尺寸值。所以，在设计不同用途的储藏类家具时，要掌握各类物品的基本规格，以便确定家具的合理尺度范围，提高收纳空间的利用率。但在家具设计时，通常也会采用一些通用尺寸，丰富储藏类家具的功能和用途。

除了物品种类极为丰富，物品存放数量也在不断变化，而储存方式也会因空间、地域以及生活方式的不同有所差异。因此，在家具的功能设计中，还必须考虑到不同种类物品的存放数量和储存方式等问题，这对于设计的合理性和家具使用效率的提高具有很大的影响。

功能单一的传统储藏类家具已经不能满足现代人的使用要求，为了适应多样化的物品种类、储存方式、存放数量、空间需求等，储藏类家具的品种和形式也越来越多元，如多用储物柜、组合柜、组合柜架、综合性储物家具等。尤其是对于比较狭小的空间类型，这类家具的应用显得更为重要，更有利于营造出简洁、实用、舒适的现代室内环境。

课题训练

1.观察生活中不符合人体工程学的家具设计，总结出人体工程学对于现代家具设计的重要性。

2.运用人体工程学相关原理设计一款合理、舒适、美观的坐具类家具。

4

家具的造型设计

学习目标

1. 探讨家具造型设计的艺术美和视觉传达效果，包括形态、色彩、质感等要素。

2. 理解家具造型设计与空间环境协调统一的原则，以及家具形态在空间氛围营造中的重要作用。

3. 培养创新思维和审美判断能力，能够独立完成家具造型设计方案，并有效表达设计理念。

随着现代社会的发展，家具已不单纯是简单的日用消费品，作为一种重要的艺术存在形式，它不仅能满足人们某些特定的需求，而且还通过不同的形态、色彩、质感和装饰表现，传达出一定的信息、表情或情感来，使人在接触和使用产品的过程中获取或感知，并引起相应的情感与反应。

现代家具是科学性与艺术性的完美统一，家具设计主要涵盖两个方面，一是外观造型设计，二是生产工艺设计。其中，家具造型设计是家具设计与制造的首要环节，属于艺术设计的范畴。设计师必须学习艺术设计基本原理，通过对形态、色彩、质感和装饰等造型要素的综合分析与研究，为人们创造出新、美、奇、特且结构功能合理的现代家具形象，满足人们生理、心理、情感等不同层次的需求。

4.1　人的感觉特性

人们在接近一个实物形体的时候，都会产生不同的情感与反应，人们之所以能够这样，是因为可以通过信息的接受、识别、贮存、加工等过程，对实物形体中所体现出的各种显性和隐性信息进行综合处理和认识，产生喜爱或厌恶的情感并引起情绪波动。人们对物体的认识活动首先从对物体的感觉开始，通过感觉器官，不仅可以了解到产品的功能和基本属性，而且可以通过产品形态、色彩、材料、装饰等造型要素所引起的不同形式感觉，与过去的记忆、经验或知识产生情感互动，并通过大脑对感觉信息的加工形成不同的知觉，最终影响人们对外在事物的理解。

在家具设计中良好的设计感觉是用以构成家具造型的非常重要的基础和保障，它使家具的价值进一步充实和提高。同时良好的家具设计感觉里面隐含着与人们内心相对应的情感信息。随着时代和社会的发展，人们的物质享受越来越丰富，已逐渐厌倦只能满足物质需求的设计，开始追求能够满足和促进精神生活更加多姿多彩的家具产品。所以充分研究和培养良好的设计感觉并且使其在家具设计中的更好的应用，已经成为当今家具造型设计的重要内容。一般而言，人们对家具的感觉主要通过视觉、听觉、触觉与嗅觉及其综合情感效应来完成的。

4.1.1　视觉

光作用于视觉器官，使其感受细胞兴奋，其信息经视觉神经系统加工后便产生视觉（vision）。视觉是人类感受和辨别外界物体的大小、明暗、颜色、动静等特性的感觉。眼睛是视觉的器官，一定波长的光是视觉的适宜刺激。

（1）视觉原理

人眼为椭球体，由眼球壁和眼球内容物组成。那么视觉是怎么产生的呢？人的视觉系统由眼球、神经系统以及大脑组成。人眼首先感受到光，即光线经过眼的光学系统传达到视网膜构建一个物像，然后视网膜将刺激形成的物像实现能量形式的转化——把光能转化刺激形成神经冲动，经由神经节细胞迅速将冲动传入大脑的视觉中枢，这就形成了视觉，使人能看见客观物体的明暗差别和整体形象（图4-1-1）。

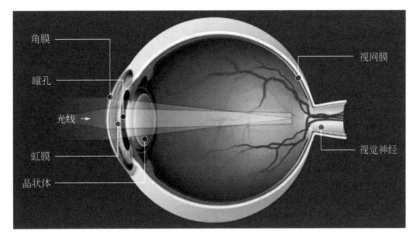

> 图4-1-1　视觉的形成原理

　　感光细胞通过光敏色素有效地把光能转换至神经脉冲，从而开始整个视觉形成过程。杆状细胞灵敏度相对较高，能够感受到十分微弱的光线，但分不清物体的具体颜色和细节，称为暗视觉感光细胞；而锥状细胞，在明亮的环境下能够很好地分辨目标的颜色和细节，称为明视觉感光细胞，其能分辨380～780nm之间不同波长的可见光光线，产生红、橙、黄、绿、青、蓝、紫等颜色感觉（图4-1-2）。研究发现，在明视觉条件下，人眼对400nm和700nm波段的感受性很低，需要很大的能量，而在555nm黄绿处人眼的感受性最高；在暗视觉条件下，在505nm附近，人眼达到最大敏感度。上述两种感光细胞的视觉功能是有区别的，当二者共同作用时，此时环境处于明视觉和暗视觉之间，该视觉为中间视觉。

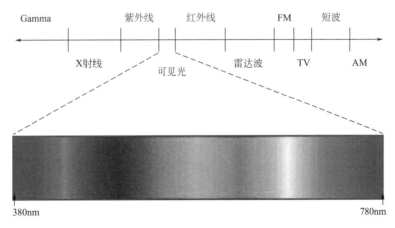

> 图4-1-2　可见光光谱图

　　人的眼球固定注视一点所能看见的空间范围即为视野。当用单眼视物体时，只能看到物体的平面，即只能看到物体的高度和宽度；而用双眼视物体时，具有辨别物体深浅、远近等相对位置的能力，形成立体视觉。同时，随着光照和色彩的改变，人的视觉极限也会相应地变化。一般情况下，光越亮，视距越大，视野也越开阔，白色视野最大，黄色、蓝色、红色的视野依次减小，绿色视野最小。这主要是由于感受不同波长光线的锥状细胞在视网膜的中心比较集中所导致的。

（2）视觉特性

视觉是视感官在各种环境因子的刺激作用下所表现出的视觉特性，尽管不同环境因子的不同刺激量和不同的刺激时间及空间，以及不同人对不同刺激的反应，所产生的视觉特性具有差异，但其共同特性占主导地位，主要体现在光知觉特性、颜色知觉特性、形状知觉特性、质地知觉特性和空间知觉特性等方面。

眼睛沿水平方向运动比沿垂直方向运动快而且不易疲劳，一般先看到水平方向的物体，后看到垂直方向的物体；视线的变化习惯从左到右、从上到下和顺时针方向运动；人眼对水平方向尺寸和比例的估计比对垂直方向尺寸和比例的估计要准确得多；当眼睛偏离视中心时，在偏移距离相等的情况下，人眼对左上限的观察最优，依次为右上限、左下限，而右下限最差；两眼的运动总是协调的、同步的，在正常情况下不可能一只眼睛转动而另一只眼睛不动；在操作中一般不需要一只眼睛视物，而另一只眼睛不视物；人眼对直线轮廓比对曲线轮廓更易于接受；当人从远处辨认多种不同颜色时，其易于辨认的顺序是红、绿、黄、白，当两种颜色相配在一起时，易于辨认的顺序是黄底黑字、黑底白字、蓝底白字、白底黑字等。

视觉主要是通过形与色来感受的，色又与光有关。在所有感觉特性中视觉占有最重要的相对位置，所以，以造型与配色为基础的美学法则从来没有被忽视过，一直被作为家具设计的重要基础。同时，视错觉构成也是现代家具设计的重要基础之一，即观察者在客观因素干扰下或者自身的心理因素支配下，对物体产生的与客观事实不相符的错误的感觉，其种类包括长度错觉、大小（对比）错觉、形状错觉、形重错觉等。如图4-1-3所示，Peter Bristol设计的Cut Chair正是利用了形状的错觉，将椅子的造型设计为断了的三条腿，给人一种视觉的不稳定感觉，但实际上坐具仅靠后部完整的椅腿即可牢牢地实现支撑作用，在厚厚的地毯下面隐藏着一个稳固的座位基础。

 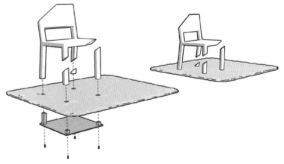

> 图4-1-3　视错觉在家具中的应用

人们所能看到的物体图形是通过其形态、大小、颜色和质地的不同在视觉背景中被分辨出来的。当该图形大到挤满了它的背景时，背景就逐渐伸展它自己特有的外形，并与图形的形状相互干扰。因而，家具的外形是通过虚实空间的共同作用产生视觉艺术效果的。此外，人们不会只局限于所看到的家具形态，而是会设法阐释出其意义。因而，正是有了视觉，人们才能享受到家具的美感。

（3）视觉设计

在人们认知事物的过程中，至少有80%以上的外界信息是通过视觉通道获得的，视觉感知是人与世界相联系的最主要的途径。物体的视觉图像是由形态、色彩、质感和装饰等一系列元素构成的，其强调的是各要素的形式和排列构成的秩序感，这种秩序感则是由各要素之间主与次、高与低、虚与实、整与分的构成关系而形成的。因而，家具与室内的视觉设计就是指设计师按照人类的视觉特性和一定的美学规律（构图法则），将产品的形态、色彩、质感和装饰等造型的基本要素进行综合、分析与研究，为人们创造出合理的家具形象，满足人们生理、心理、情感等不同层次需求。同时，家具的视觉效果与其所在室内空间的尺度、光线、色彩和各个界面有关，通过不同数量、尺度、形态和色彩家具的组合与搭配，也可以创造出不同的空间感受。如图4-1-4中所示的两款不同类型的沙发，前者通过稳重的几何形体，肃穆、庄重的色彩以及细腻温暖的皮革材质给人一种稳重气派、典雅尊贵的感觉；而后者则通过自然、质朴、舒适的木质材料和布艺组合搭配，以及素雅柔和的色彩体现出一种自然、休闲的情怀。

> 图4-1-4 视觉设计在家具中的应用

4.1.2 听觉

听觉是指声波作用于听觉器官，使其感受细胞兴奋并引起听神经的冲动发放传入信息，经各级听觉中枢分析后引起的感觉。耳朵是听觉的器官，声波是听觉的适宜刺激。

（1）听觉原理

听觉是仅次于视觉的重要感觉通道，在人的生活中起着重大的作用。外界声波通过介质传到外耳道，振动耳骨膜，通过听小骨放大之后传到内耳，刺激耳蜗内的纤毛细胞而产生神经冲动，并经听神经传至大脑皮层听觉区，产生听觉。对正常人而言，人耳能感受的声波频

> 图4-1-5　听觉设计在家庭影音室中的应用

率范围是20 ～ 20000赫兹，以1000 ～ 3000赫兹最为敏感。听觉有音高、响度和音色的区别，这主要由声波的频率、振幅和波形3个基本物理特性所决定。

（2）听觉特性

人耳具有区分不同频率和不同强度声音的能力，但对声强的辨别不如对频率灵敏。人耳的听觉本领，绝大部分都涉及所谓"双耳效应"或"立体声效应"。当可以听闻的声压级为50 ～ 70分贝时，这种效应基本上取决于以下两个条件：第一，根据声音达到两耳的时间先后和响度差别可判定声源的方向；第二，根据物体或头部掩蔽效应而导致声音频谱的改变，即接受完整声音或畸变声音的情况可判断声音的距离。

人的听觉器官对声源空间位置的判断称为听觉空间定位，主要依据是声波对两耳所产生的刺激的差别，如两耳所受到的刺激强度上的差别、时间上的差别和相位的差别。例如，某一声音的波长或半波长正好等于两耳间的声学距离时，其波形在两耳间将会有360°或180°的相位差，这时以相位作为声源定位的线索将遭到破坏。实验证明，1500赫兹是两耳能作相位比较的最高频率，超过1500赫兹的声波的空间定位主要以强度为线索，低于1500赫兹时则以时间或相位的线索为主，而对接近1500赫兹的声音定位时则容易发生混淆。

（3）听觉设计

当我们在感知周围环境时，声音在其中扮演的角色非常重要，城市中的车鸣声、街道上喧闹声、丛林中的鸟叫声等都能通过声音的传播与我们产生交流。随着人们对环境的质量要求不断提高，声音作为人们一种必不可少的感知途径，在家具与室内设计中发挥的作用越来越重要，要求设计者根据人的听觉特性和室内空间的大小、形状，合理地进行室内空间的划分、组合、装饰和陈设物品的设计、选择与布置，特别是家具的尺寸、形状、材质及在室内空间的配置方式，保留并加强人们所需要的声音，减少或排除干扰人们活动的声音。

例如，在家庭影音空间的设计中，房间的声学特性在很大程度上与室内设计、房间尺寸、家居用品摆设等因素息息相关。理想的听音房间的形状，在长、宽、高三个尺寸上应符合黄金分割比例，以使房间内的驻波影响降低，提高听感。但现如今，大部分的居住空间还没有专门的独立听音室，一般均由客厅、书房、卧室兼任，且房间都相对偏长，无法随意改变比例。因而，要在家居环境中营造一个良好的声学空间，一方面可以将书柜、衣柜等体积较大且具有一定高度的家具放置在墙角位置吸收驻波；另一方面，可以通过增加软装物体或软包家具产品，对声音的传播起调整作用（图4-1-5）。

4.1.3 触觉

狭义的触觉，指刺激轻轻接触皮肤触觉感受器所引起的光滑、粗糙、寒冷、湿润、柔软、坚硬等肤觉。广义的触觉，还包括增加压力使皮肤部分变形所引起的肤觉，即压觉。

（1）触觉原理

皮肤介于人体与外界之间，直接与外界物体或环境相互接触，具有保护机体、抵抗外界侵害、阻止体液外溢、排泄汗液、调节体温、制造维生素D和感觉等功能。成人皮肤面积为1.2 ～ 2m^2，皮肤重达2 ～ 5kg，大约占人体重的16% ～ 17%。皮肤可以分为表皮和真皮两层组织，表皮层厚0.07 ～ 0.12mm，有浓密海绵状组织的真皮层厚1 ～ 2mm。在表皮与真皮之间，存在许多微小的、呈蛋形的梅司纳氏体，分布于人体的脚底、指尖、手掌和舌头等无毛之处，对最轻微的触摸都有快速反应。其中，皮肤感觉（又称肤觉）是辨别物体的机械特性和温度的感觉，其由触、压的机械刺激和冷、热的温度刺激作用于皮肤的相应感受器，传入大脑皮层而引起。

（2）触觉特性

人体触器官的作用过程与视觉机能相似，同样需要有一定的适宜刺激，才能感知、获取外在世界所表现或传达出来的信息、表情和情感。根据人的皮肤接触外界时产生的感觉，可将触觉分为冷暖感、粗滑感、干湿感、软硬感、振动感、轻重感、顿挫感、快慢感等，其中前四种是最主要的触觉特性。

① 冷暖感：用手触摸家具表面时，界面间温度的变化和热流量会刺激人的感觉器官，使人感到温暖、凉爽、冰冷。人对材料表面的冷暖感觉主要由材料的热导率的大小决定。木材与人造板等木质材料的热移动量和热导率远远低于钢板、铅板、玻璃等材料，具备人体较适应的冷暖感，作为家具用材是非常理想的。

此外，在不同基材表面采用木质单板、薄木以及装饰纸、塑料薄膜等材料进行体面或涂料涂饰处理后，接触面的热学性质会产生微小的变化。实验表明，当涂层厚皮达到40～50μm时，才略能测出涂饰前后冷暖感的差别。贴面材料对基材的冷暖感影响则较为明显，实验表明，厚度仅为1mm的单板也对改变基底材的冷暖感十分有效，随着木材单板厚度的增大，其贴面材料的冷暖感逐渐接近于木材素材的冷暖感。

② 粗滑感：用手触摸材料表面时，摩擦阻力的大小及其变化会刺激人的感觉器官，使人感到光滑、平整、粗糙、凹凸。研究表明，摩擦阻力小的材料表面使人感觉光滑。木材表面的光滑性与摩擦阻力有关，摩擦阻力的变化与木材表面粗糙度有关，均取决于木材表面的解剖构造，如早晚材的交替变化、导管大小与分布类型、交错纹理等。

③ 干湿感：人体皮肤对物体干湿程度的感觉。干湿感源于压力与温度的混合，因此在两种情况下会产生湿感：一是物体含水率变化到一定程度时；二是物体表面性状能使人感觉类似有水时的温度与压力刺激。目前，世界上已有根据人的感觉特性所精心设计与制造出来的用于家具等各种商品的面层材料，例如传统的仿皮材料没有自然的细小孔隙，给人一种人造的、不自然、不透气之感，现在人们在其中制造出许多肉眼几乎看不到的小孔，其质感马上有了明显的反差，明明是一块很"干"的材料，摸上去却有"湿"的感觉。

此外，木材作为家具设计中最为常用的一种自然材质，具有极高的孔隙率和巨大的比表面积，造成强烈的吸附性和毛细血管凝结性，即木材的吸湿性，包括吸湿和解吸。这种性质具有两重性：一是具有调温调湿机能，有利于室内环境；二是会产生湿胀干缩，影响家具质量，如变形、开裂、翘曲。所以必须从整个室内装饰材料中木质材料的使用比例和具体家具的结构设计两方面来解决这一对矛盾。

④ 软硬感：人体皮肤接触物体时所产生的柔软、坚硬、弹缩等感觉。各种材料均有其固有的硬度，复合材料的硬度与面层材料的硬度、厚度以及基底材料的硬度、厚度有关。硬度不同给人的压力不同，感觉也就不一样，木材、皮革等天然的生物材料以及仿皮、泡沫等人造软体材料能给人良好的软硬感；而金属材料若与人体直接接触的话，则给人一种冰冷而缺乏人情味的感觉。木材表面的硬度值因不同树种、不同部位、不同断面而异，因而触感也有所不同。通常多数针叶木材的硬度小于阔叶材，而泡桐等软阔叶材比针叶材还要软；针、阔叶材的端面硬度均比弦面高，弦面硬度略比径面高，心材的硬度一般都比边材大。

（3）触觉设计

家具与陈设的触觉设计的关键在于，通过了解使用者需要什么、想要的效果是什么以及他们的感受是什么，并通过合理的方式将室内空间及其家具的形态、色彩、材质等造型要素进行综合设计，以便使人的皮肤接触到这些外界时，会产生适宜的冷暖感、粗滑感、干湿感和软硬感等触觉效果，设计出真正符合使用者需求的产品与室内空间，将他们强烈的内心诉求和情感表达出来。例如图4-1-6中所示的，在现代住宅建筑中出现的诸如露台、私家屋顶庭院等中使用的休闲家具，由于产品需要长期暴露于半开敞的户外空间中，经受气候、弱酸弱碱等不利因素的侵蚀，因而设计中要在考虑用户使用舒适性的基础上，考虑产品的稳定性和耐久性的要求。图中所示的产品整体材料采用了经过表面涂装处理的金属材料，以提高产

> 图4-1-6　触觉设计在家具中的应用

品的耐久性，同时为了克服了单一金属材质给人以冰冷的感觉，及因导热性强而引起的使用舒适性差等问题，设计中还增加了可拆装式软垫。人们在夏季使用时可以选择直接坐于较为清爽的金属座面，而冬季则可以坐于温暖舒适的坐垫之上，这种活动式软垫结构可以随意取放，自由灵活，正是满足人们不同季节使用需求。

4.1.4　嗅觉

呼吸与生命相随，每一次呼吸都会把空气送到我们的嗅觉器官里。嗅觉不像其他知觉，不需要翻译者，效果直接。但并不是任何物品都有气味，只有具备挥发性能，能把微小分子撒在空气中的物体，才有气味。像木材、胶料、涂料、皮革等就存在挥发分子，从而有各种各样的气味。

（1）嗅觉原理

嗅觉不仅让人的感受更加细致入微，而且对感知周围环境，更好地生存也起着重要作用。科学家蒙克里夫于1949年提出了一种气体立体化学理论，认为气体分子的形状如同我们常见的物体那样，多种多样，有球形、船形、椅形等，当外界气体分子和鼻窦受体分子像模具和模型一样相互吻合并发生生理反应时，产生的信号便刺激大脑，就可以使人闻到气味。如果外界气味分子和鼻窦受体分子不吻合、不反应，人就闻不到气味。能引起嗅觉的物质是千差万别的，但也有如下共同的特点：第一是物质的挥发性，如麝香、花粉等存在于空气中的微小颗粒；第二是物质的可溶性，这样才能被鼻腔黏膜所捕捉，从而产生嗅觉。

（2）嗅觉特性

不是所有有气味的物质都能引起嗅觉，这要看它的浓度如何。在一定的浓度下，有气味气体的体积流速对嗅觉有影响。几种气体相互作用时，可能产生一种新的气味，可能其中一种占优势起到遮蔽作用，也可能是互相抵消中和，闻不到任何气味。在进行家具及室内环境设计时，要充分利用嗅觉的这一特性去改善空间质量。

（3）嗅觉设计

嗅觉设计的目标是根据人的嗅觉生理特性，在家居用品的设计中添加或减少气味，使人在使用产品过程中感受有益的体验。随着科技的发展，越来越多的化学材料被运用在制造业中，一些材料所散发的气味使消费者感到烦恼和恐惧。例如，家具材料中油漆与胶黏剂由于离不开有机溶剂而残留着大量的不良气味，从严格意义上来说，几乎所有的有机溶剂都是有毒的，由于尽管目前科技水平有限，我们还不能告别所有的不良气体，但可以相信随着科学技术的进一步发展，有利于环保的无毒涂料、胶料会逐渐替代毒性较大的传统用品。家具设计师应当关注科技动态，适时地将最新成果应用到家具设计中来，使人们获得健康、舒适、安全的空间环境。

4.2 家具造型设计

家具造型设计从属于工业设计，是在充分考虑家具的材料、结构、工艺等条件下，运用一定的设计手段，对家具的形态、质感、色彩、装饰以及构图等进行综合处理，以构成良好家具外观形式的设计过程。在影响家具造型的各种因素中，功能是目的，材料和结构以及相应的工艺技术是达到目的的手段，而家具形象则是体现实用功能和审美功能的综合形式。

家具造型设计是家具设计的基础，是家具设计工作的第一步，是把人们对家具的理想变成现实的过程，对于我们的生活具有重要意义。就物质层面而言，家具以其特有的实用功能，对人们的物质生活产生积极的影响，也使社会资源得到合理分配和使用。就精神层面上，家具造型设计带给人们以美的家具形式，满足人们与日俱增的审美需求和精神需求。就技术层面而言，一定时期的家具造型是当时工艺技术水平的体现，生产方式、制造技术和材料对家具造型存在很大的制约性，反之，人们对新造型的渴望也促进对生产方式、技术和材料的改进和创新。

家具造型设计是在特定使用功能要求下，一种自由而富于变化的创造性造物手法，没有固定的模式来囊括各种可能的途径。但是根据家具的演变风格与时代的流行趋势，现代家具以简练的抽象造型为主流，具象造型多用于陈设性观赏家具或家具的装饰构件。为了便于学习与把握家具造型设计，我们把家具造型分为抽象理性造型、有机感性造型、传统古典造型三大类。

抽象理性造型是以现代美学为出发点，以纯粹抽象几何形为主的家具造型构成手法，具有简洁的风格、明晰的条理、严谨的秩序和优美的比例（图4-2-1）。在结构上呈现模块化特点，是现代家具造型的主流，不仅利于大工业标准化、批量化生产，有较高的经济效益，在视觉美感上也表现出理性的现代精神。抽象理性造型是从包豪斯时期开始流行的国际主义风格，已发展成现代家具造型主要造型之一。

> 图4-2-1　抽象理性造型的家具

有机感性造型是以具有优美曲线的生物形态为依据，采用自由而富于感性的三维形体进行家具造型设计的造型。有机感性造型涵盖非常广泛的领域，它突破了自由曲线或直线造成的形体范围狭窄单调，将具象造型作为造型的媒介，运用现代造型手法和造型工艺，在满足功能的前提下，灵活地应用在现代家具造型中，具有生动有趣的独特效果。有机感性造型手法也可以理解为一种仿生或采集重构手法，是从生物现存形态受到启发的手法。如图4-2-2中左图所示的美国建筑与家具设计大师沙里宁设计的Womb Chair（子宫椅），产品由一体成形的玻璃钢壳体和柔软的羊绒布包裹物制成，人们坐下去，就像椅子的名字一样，有一种被它轻轻拥抱、如置身母亲子宫般的舒适和安全感。而图4-2-2中右图Butterfly Stool（蝴蝶凳）则是由日本工业设计大师柳宗理所设计，其造型设计灵感源于自然界中翩翩起舞的蝴蝶，产

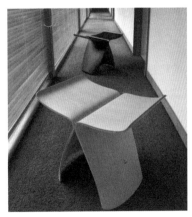

> 图4-2-2　有机感性造型的家具

品的结构设计也独具匠心，将完全相同的两个部分通过一个轴心对称地连接在一起，连接处在座位下用螺丝和铜棒固定，体现了一种功能主义与传统手工艺的结合。

传统古典造型是以中外历代传统家具的优秀造型手法和流行风格为依据，采用古典的装饰、精美的款式、考究的木料、严谨的结构、精细的手法等设计出的家具造型，体现传统家具精美、古朴、典雅的特质。例如现代社会中常说的"新中式家具"，即在传统美学规范之下，运用现代的材质及工艺，演绎中国传统文化中的经典，使家具不仅拥有典雅、端庄的中国气息，并具有一定的现代特征（图4-2-3）。

> 图4-2-3 传统古典造型的家具

4.3 家具造型设计的基本要素

家具造型包含了与视觉相关的三大要素，即形、色、质，通过各种不同的形状、体量、色彩和材质引起人们不同的心理感受，构成造型设计的表现力。这就需要在进行家具造型设计时了解和掌握一些造型的基本构成方法和构成特点。

4.3.1 形态

何为"形态"？许慎的《说文解字》中解释为，"形，象也""态，意也"。《辞海》中对形态的解释是形状与神态。英语中称形态为"form"。

在造型艺术中，我们可以首先将两个字分开来理解。

"形"通常是指物体的外形或形状，它是一种客观存在。自然界中如山川河流、树木花草、飞禽走兽等之所以能被人类所认识和区别，就因为它们都具有"形"。这些都是一种"自在之形"。尽管这种形的种类非常多，但在人们心目中的印象是有限的，因为它们常常呈浮光掠影、姿态万千，离我们的距离较远。真正给我们的认识带来巨大冲击的是另一类"形"，即"视觉之形"。

"态"，则是形对人产生的触动，使人产生一定的思维活动。也就是说，任何正常的人对

"形"都不会无动于衷。这种由形而产生的人对"形"的后续"反应"就是"态"。"态"是物体的物质属性和社会属性所显现出来的一种质的界定和势态表情，具体包括状态（如气态、液态、固态、动态、静态等）、情态（神态、韵态、仪态、媚态、美态、丑态等）和意态（由"态"所产生的意义）。

对于一切物体而言，由物体的形式要素所产生的给人的（或传达给别人的）一种有关物体"态"的感觉和印象，就叫做"形态"。简言之，形态即外形和外形给人的一种印象。任何物体的"形"与"态"都不是独立存在的。

对形态的认识是家具设计中很重要的一个方面。家具设计形态源自人类生存之初，最原始的家具就已具备了质朴的设计形态。社会的发展和艺术风格的变迁给家具形态注入了新的理念，使得家具形态蕴意深远。但就本质而言，无论家具形态产生何种变化，其最基本的、可见的形态因素都是点、线、面和体。因而，讨论形态构成的问题最终要落实到对基本形态要素的分析和它们之间的组合方式上。

（1）点

点是形态构成中最基本、最小的单位。

① 点的概念

在几何学意义上，点是线与线的交叉，没有大小和形状的变化，只有定位的作用，但在造型设计中，点具有一定的大小、方向或面积、体积、色彩、肌理、质感等。那么多大的形状可以称之为点呢？实质上，点不是由自身决定的，而是取决于它与背景之间的关系，即要在周围的场合、比例关系等相对意义上来评价它的不同特征。例如图4-3-1中所示的，洛斯·拉古路夫设计创造的无限可堆叠的椅子"MOROSO"，当我们将观察者的视域仅限定于座面靠背这个范围时，其中数个镂空的"点"便具有了点的特征；而将产品放置于空间中，产品本身只要与对照物之比在足够小的情况下，就可称其为"点"。

> 图4-3-1　点的概念

② 点的类型

点在形状上并无限制。点的理想形状一般认为是圆状的，如圆形（二次元的平面）或球体（三次元的立体）。但椭圆形、长方形、正方形、三角形、多边形、星形及其他不规则形等，只要与参照物之比显得很小时，都可称之为"点"。家具造型中的点经常表现为柜门和抽屉的拉手、销孔、锁型等显著的功能配件或装饰部件，皮革或织物表面用以固定和强调"皱折"的装饰扣和各种泡钉等，相对于家具整体而言，都是面或体相对较小的。这个点在家具造型中往往起画龙点睛的作用，是家具造型中不可多得的装饰性功能部件（图4-3-2）。

> 图4-3-2　点的应用

③ 点的情感特征

看上去最无表情的点也具有它特有的表情。德国数学家克莱因认为："只在尖端和顶角上所表现出的攻击性是点所固有的特性，它与一定的坚硬度联系在一起，点要继续留在它所存在的地方。"在造型设计中，点是一切形态的基础，是力的中心，点在空间中起着标明位置的作用。在平面上放一个点，视线的注意力就被吸引到这个点上来，构成视觉中心，从而提高整个表面的视觉效果。就点本身的形状而言，曲线点饱满充实，富于运动感；直线点，如方点则表现坚稳、严谨，具有静止的感觉。从点的排列形式来看，等间隔排列会产生规则、整齐的效果，给人以静止的安详感；变距排列（或有规则地变化）则产生动感，显示个性，形成富于变化的画面。

（2）线

线决定着家具的造型，不同的线条构成了千变万化的造型式样和风格。

① 线的概念

在几何学的概念里，线是一个看不见的实体，它是点移动的轨迹。线又是面的界限或面与面的交界，以及点与点的连接。线只有长度和位置，而不具有宽度和厚度。但作为造型要素的线，在平面上它必须有宽度，在空间必须有粗细，这样对于视觉才有存在的意义。同时，与点的概念相对应，线也是一个相对的概念，即指某一具有同样性质的形态相对于它所存在的背景或相对于整体而言，在面积、体积的量上相对较小，在感觉上与几何学中所标定的线的性质相似。

② 线的类型

线的类型有直线和曲线两种。一切形象皆由直线、曲线或由二者共同组成。根据线的方向、位置、粗细等，直线还可分为垂直线、水平线、斜线、粗线、细线、子母线等；曲线则有几何曲线（弧线、抛物线、双曲线、螺旋线和高次函数曲线等）和自由曲线（C形、S形和涡形等）。

在家具形态中，线表现为多种：家具的整体轮廓线可以是直线、斜线、曲线以及它们的混合；零部件可以以线的状态存在，如腿脚、框架等；板式家具板件的端面，如侧板的凸起、板件与板件之间的缝隙在外观上也是线；一些功能件、装饰件如门或屉面的装饰线脚、板件的厚度封边条以及家具表面织物装饰的图案线等，都属于线的范畴（图4-3-3）。

> 图4-3-3 线的应用

③ 线的情感特征

线在造型设计中是最富有表现力的要素，比点具有更强的心理效果。线的表现特征因线型的长度、粗细、状态和运动的位置而异，从而在人们的视觉心理上产生不同的感觉。线富于变化，对动、静的表现力最强，一般直线表示静，曲线表示动。纯直线构成的家具，能给人以刚劲、安定、庄严的感觉，常体现"力"的美。纯曲线构成的家具，能给人以活泼、流畅、优美的感觉，常体现"动"的美。直线与曲线结合构成的家具，不但具有直线稳重、挺拔的特点，而且还能给人以流畅、活泼等曲线优美的感觉，使家具造型具有或方或圆、有柔有刚、形神兼备的特点（表4-3-1）。此外，线的长与短、粗与细也会给人不同的视觉感受，长线体现了一种持续感和运动感；短线具有一定的刺激性和断续性，运动感较为迟缓；粗线具有厚重感和迟缓感；细线则给人以纤细、柔美、轻松的感觉。

表4-3-1 线的情感特征

类型		情感特征	典型案例
直线	水平线	安定、平稳、连贯、左右扩展	

类型		情感特征	典型案例
直线	垂直线	积极向上、端正、严谨、高耸	
	斜线	方向明确，富有动感、速度感、不稳定感	
	折线	曲折、坚劲有力，具有一定的攻击性、不安定性	
曲线	圆弧线	流畅、舒展、饱满、柔和	
	C形曲线	含有一定的力度，简要、柔和、华丽	
	S形曲线	含有一定的力度，优雅、抒情、高贵	

续表

类型		情感特征	典型案例
曲线	自由曲线	柔美、轻快、流畅，最具奔放、自由、丰富、明快之感	

在家具的造型设计中，常常涉及家具基础面（即家具的某一立面）上线条间的过渡，包括直线与直线、直线与曲线、曲线与曲线的过渡等几种形式。

直线与直线的过渡。从形式上来说，有光滑过渡、渐变过渡和宽度变化等几种方式。光滑过渡实质上是直线的延长，如衣柜上下部单体对齐后侧板的边缘所呈的状态；渐变过渡是指直线由宽变窄或由窄变宽，这种情况经常发生在家具零件的形状上；线条的宽度变化是指在线条的对接位置处线条宽度明显不同，即宽线与窄线的连接。光滑过渡、渐变过渡均表现出良好的整体感，宽度变化线条的连接则强调冲突感、对比感（图4-3-4）。

(a) 光滑过渡

(b) 渐变过渡

(c) 宽度变化

> 图4-3-4　家具造型设计中的直线与直线的过渡形式

直线与曲线的过渡，即直线与曲线的连接，有弦连接（直接连接）、切线连接（光滑过渡）两种。弦连接有明显的对比，比较生硬，容易出现尖角，在设计中应特别注意（比如，对于特殊群体）；切线连接则整体感强（图4-3-5）。

(a) 弦连接　　　　　　　　　　　　　　(b) 切线连接

> 图4-3-5　家具造型设计中的直线与曲线的过渡形式

　　曲线与曲线之间的过渡一般采用光滑连接。曲线间的连接生动活泼，尤其是流线型的造型（图4-3-6）。

> 图4-3-6　家具造型设计中曲线与曲线的过渡形式

　　现代家具设计中，线的变化越来越丰富。新技术、新材料的发展，为设计师提供了丰富的设计空间，家具在设计中或采用直线，或采用斜线，或采用曲线，有聚有散，疏密有致，充满了节奏感与韵律感。如图4-3-7中所示的马克·纽森采用铝、增强玻璃钢、聚酯树脂和热铆工艺设计的Lockheed Lounge，产品以"创造一个流动的金属形式"为概念，整个躺椅以弧形线条，呈现出具有迷幻色彩的流动感。图4-3-8中所示的汉斯·瓦格纳设计的The Circle Chair，从传统的藤编家具中汲取灵感，用编织的具有美丽图案的网格作椅面，以布衬软垫作坐垫和靠垫，表现出一种完美圆形，产品整个造型一气呵成、疏密有致、空灵通透，充分体现了线条在家具造型上所展现的美感。在加工工艺上，其采用了当时先进的曲木加工技术，薄木条通过一个胶水滚轮施胶，并将其置于模具中利用高频声波硬化的方式，形成优美流畅的曲线造型。

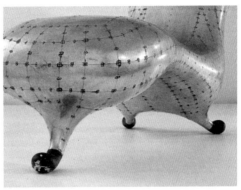

> 图4-3-7　Lockheed Lounge

> 图4-3-8　The Circle Chair

（3）面

① 面的概念

几何学意义上的面是由点的扩大、点的密集、线的移动、线的加宽、线的交叉、线的包围等形成的，具有二维空间的特点。直线平行移动形成矩形面，直线回转运动形成圆形面，直线倾斜移动形成菱形，直线的不同支点摆动则形成扇形或双扇形等平面图形。此外，体的剖切或面的分割还可以形成更多的不同形状的面。

② 面的类型

在形态学中，面既有大小，也有形状。具体而言，面可分为平面与曲面。平面有垂直面、水平面与斜面；曲面有几何曲面与自由曲面。其中平面在空间常表现为不同的形，主要有几何形和非几何形两大类。几何形是以数学方式构成的，包括正方形、长方形、三角形、梯形、菱形等直线形，圆形、椭圆形等曲线形以及曲直线组合形。非几何形则是无数学规律的图形，包括有机形和不规则形。有机形以自由曲线为主构成，它不如几何图形那么严谨，但也并不违反自然法则，它常取形于自然界的某些有机体造型；不规则形是指人有意创造或无意中产生的平面图形。

③ 面的情感特征

不同形状的面具有不同的情感特征（表4-3-2）。正方形、正三角形、圆形具有简洁、明确、有秩序的美感。多面形是一种不确定的平面形，边越多越接近曲面。曲面形显得温和、柔软、亲切和动感。除了形状外，在家具中的面还具有材质、肌理、颜色等方面的特性，使人在视觉、触觉甚至听觉上产生不同的感觉。此外，在家具设计中，还应注意不同面积、不同虚实的面给人带来的不同感受，大面积的面给人一种扩张感、重量感，而小面积的面则产生收缩感，有点的趋势（视觉中心）（图4-3-9）；虚面使人感到轻松、无量感，实面则量感大，有一定力度（图4-3-10）。

表4-3-2　面的情感特征

类型	情感特征	典型案例
正方形	明确稳健、单纯大方、整齐端正	
矩形	使人感到丰富、活跃、轻松	
三角形	不稳定感，作为家具造型却能使人感到轻松活泼	
圆形	象征着完美与间接，同时给人以温暖、柔和、愉悦的感觉	

续表

类型	情感特征	典型案例
椭圆形	柔和、温雅、匀称、律动、趋势感	
有机形	轻松活泼，富有动感	

> 图4-3-9　面的大小与视觉感受

> 图4-3-10　实面与虚面的视觉感受

（4）体

① 体的概念

按几何学定义，体是面移动的轨迹。在造型设计中，体是由点、线、面围合起来所构成的三维空间（具有高度、深度及长度）。所有的体都是由面的移动和旋转或包围而占有一定空

> 图4-3-11　How High the Moon沙发

间所形成的。

② 体的类型

体可以分为几何形体和非几何形体两大类。几何体有正方体、长方体、圆柱体、圆锥体、三棱锥体、球体等。非几何体一般指一切不规则的形体。一切几何体，特别是长方体在家具中得到了广泛的应用，非几何体中的仿生有机体也是家具经常采用的形体。一般而言，体的构成方式主要有线材空间组合的线立体构成，面与面组合的面立体构成，固体的块立体构成，面材、线材与块立体的综合构成等形式构成。同时，体根据构成方式的不同可分为实体与虚体。由块立体构成或由面包围而成的体叫实体；由线构成，由面、线结合构成，以及由开放空间的面构成的体称为虚体。

③ 体的情感特征

几何体所表现的情感与几何形相似，任何几何体和非几何体都可形成一定的体量感。体量是指体形使人在视觉上感到的分量。体量大使人感到形体突出，产生力量感和重量感；体量小则使人感到小巧玲珑，有亲近感。形体呈实体时，使人有稳固牢实之感；形体呈虚体时则显得轻巧活泼。同样，在家具形体造型中，实体和虚体给人心理上的感受是不同的，由面状形线材所围合的虚空间使人感到通透、轻快、空灵而具透明感；由体块直接构成实空间给以重量、稳固、封闭、围合性强的感受。如图4-3-11所示，日本设计师仓俣史朗的作品"How High the Moon"沙发，在设计中创造性地运用了现代工业材料——镀铝金属网编织结构，塑造出沙发的整体造型，金属材料的巧妙编织形成了虚实通灵的对比效果。

4.3.2　色彩

色彩是我们生活中最富有情感的元素，正所谓"先看颜色后看花""七分颜色三分形"。色彩与造型、空间等其他要素相比，能够产生更直接、更强烈的影响，不仅能够让人体会到温度，而且也会让人在视觉上产生诸如明暗感、重量感等不同感受，并进而影响人们的情绪。色彩是一门独立的科学与艺术知识，它涉及色彩本身的理化科学，人眼接受色彩的视觉生理科学，人脑接受色彩产生情感的心理科学，以及研究色彩的色相、明度、纯度三要素的色彩艺术学。这里着重于研究色彩在家具造型设计中的应用。

家具形态设计中离不开色彩，家具色彩在很大程度上影响家具形态的美观。家具装饰色彩可谓五光十色、琳琅满目。一般而言，家具的装饰色彩主要可以通过以下途径获得。

① 基材的固有色，即在设计中选择使用材料本来的原色。可作为家具基材的材料种类很多，常见的如木材、竹材、藤材、石材、皮革、织物等，这些材料有些本身具有良好的色彩，用它们做成家具后，直接反映材料原本的色彩。其中，木材作为一种质地精良、易于加工成

型的自然材料，广为使用，其固有色也十分丰富，如红木的暗红色、檀木的黄色、椴木的象牙白、白松的奶油白等，其固有色可以通过透明涂饰或打蜡抛光等形式表现出来。

② 涂饰色和工业处理色。在设计中常用各种带有颜色的染料对家具或家具零部件进行染色处理，或用各种颜色的涂料涂饰在家具基材表面，从而使家具具有染料、涂料的色彩。如实木家具在涂饰油漆前采用油性或水性染料对基材进行染色，再覆盖以无色透明的面漆，或者用有色的油漆直接喷涂在家具表面，使家具具有油漆的色彩。这样一方面是为了使家具免受大气光照的影响，延长其使用寿命，另一方面家具油漆在色彩上起着重要的美化装饰作用。此外，一些金属、塑料、玻璃等工业用材在用作家具材料时，特别是钢家具中，常常进行一些特殊处理，如金属材料的电镀喷涂处理、塑料材料的喷塑处理、玻璃材料的磨砂处理等，经过这些处理后的材料用于家具，使家具获得相应的色彩。

③ 贴面材料的装饰色。现代家具大多采用人造板作为基材，为了充分利用胶合板、中密度纤维板以及表面质量较差的刨花板，通常需要对它们进行贴面处理。贴面材料的装饰色既可以为珍贵木材的色泽纹理，也可以加工成多样的色彩及图案。如用各种色彩的"防火板"、三聚氰胺装饰板、各色木纹纸、装饰纸等覆盖表面质量较差的"素面"人造板。

4.3.3 质感

材料是家具造型和结构的物质基础，是实现家具造型的前提和保障，不同的材料由于物理性质及化学性质的不同，给人以不同的质感。

（1）质感的概念与种类

材料的质感是人的一种心理感受，它建立在生理基础之上，是人的感觉器官对材料的综合印象，是人的感觉系统因生理刺激对材料作出的反应或由人的知觉系统从材料表面得出的信息，是家具造型设计的一个重要特征。阿思海姆（Rudolf Arnheim）在《视觉思维》中曾论述道，人们喜欢去探索可以引发兴奋点和美好回忆的物体，当接近它时，总会主动运用各种感官知觉去扫描它们的表面，寻找它们的边界，探究它们的质地和内涵。而在这其中，对质地的探究即源于触觉和视觉，产生不同的触觉质感和视觉质感。在产品造型设计中，材料的感觉特性由材料的触觉质感和视觉质感两个方面构成，并最终形成诸如粗犷与细腻、粗糙与光滑、温暖与寒冷、华丽与朴素、浑重与单薄、沉重与轻巧、坚硬与柔软、干涩与滑润、粗俗与典雅、透明与不透明等基本感觉特性。

触觉质感是人们通过触摸材料而感知其表面特性和体验材料的主要感受。根据材料表面特性对触觉的刺激性，触觉质感可以分为快适触感和厌憎触感两种。例如，人们易于接受和喜欢触摸自然的木材、柔软的纺织品、精加工的金属表面、高级皮革、精美的陶瓷釉面等材质，往往会得到细腻、柔软、光洁、冰冷等感受；而对粗糙的砖墙、锈蚀的金属器件等会产生反感甚至厌恶等情感体验。

视觉质感是靠视觉来感知材料表面特性的，是材料被视觉感受后经大脑综合处理产生的一种对材料表面特性的感觉和印象。材料对视觉器官的刺激因其表面特性的不同而让人产生视觉感受的差异。材料表面的色彩、光泽、肌理等会给人以不同的视觉质感，比如精细感、均匀感、工整感、光洁感、透明感、素雅感、华丽感和自然感等（表4-3-3）。通常，触觉质感能给人视觉质感，但视觉质感无法通过触摸去感受，而是由视觉感受引起触觉经验的联想来产生触觉质感。同时，对于已经熟悉的材料，即可根据以往的触觉经验通过视觉印象判断该材料的材质，从而形成材料的视觉质感。

表4-3-3　不同材料给人的感受特性

材料	感觉特性
木材类	自然、协调、亲切、古典、手工、温暖、粗糙、感谢
金属类	人造、坚硬、光滑、理性、拘谨、现代、科技、冷漠、冷峻
玻璃类	高雅、明亮、光滑、时尚、干净、整齐、协调、自由、精致、活泼
塑料类	人造、轻巧、细腻、艳丽、优雅、理性
皮革类	柔软、感性、浪漫、手工、温暖
纺织物类	润滑、柔软、华丽、温暖、亲切

（2）质感的应用

不同材料有不同的肌理和质感，即使是同一种材料，由于加工方式的不同也会产生不同的质感。在具体设计中，家具材料的质感设计可以从以下方面来重点考虑。

① 设计应体现材料本身所具有的自然质感。例如，木材视觉特性中最重要的部分就是木材的纹理图案，也是木材肌理的主要表现形式，这种浑然天成的肌理纹路生动美丽，交错纵横的跳跃性直接丰富了木家具给人的视觉感受。图4-3-12中所示的是我国家具设计大师朱小杰先生设计的"森林桌"，产品在设计中以质地坚实、色泽沉穆雅静、花纹生动瑰丽的乌金

> 图4-3-12　森林桌

木为主要材料，以完整的方式向周围的人展示了原木的故事，桌面树轮纹理清晰、色彩醒目，极具流动感的天然金色和黑色曲线使森林桌蕴含着浓郁的原始、朴实的自然韵味，使用者能够真实地感受生命的气息，体会大自然的原生态。

　　② 通过不同加工方式的选择，得到不同的艺术效果，以展现出最佳的质感。世界上没有两棵相同的树木，每一棵树木都有自己的故事，用其独特的形态、年轮、肌理来诉说其自身的故事。同时，木材蕴含了天然的脉络，其切面的方向也会影响纹路的走势（图4-3-13）。一般而言，径切面纹理通直平行、均齐有序、美观；弦切面纹理由直纹至山形纹样渐变，较美观；旋切面纹理呈云形纹，变幻无序，美观性较低。此外，对金属施以不同的表面处理，如镀铬、烤漆、喷塑等，效果也各不相同。再如竹藤类材料的不同编织方法，同样形成不同的美感效果。如图4-3-14中所示，藤皮编织家具面层以藤皮为主要材料，通过编织、缠绕等方法加工而成，家具表面光滑细腻，富有弹性，图案感强；原藤条编织家具直接利用原藤条加工而成，散发着浓郁的自然气息，流露出古朴的韵味，同时随着岁月的流逝，家具色泽会历经从浅到深的变化过程，给人一种厚重的历史感。

(a) 径切面　　　　　　　　　　　　　　　(b) 弦切面

> 图4-3-13　木材加工方式与木材质感

(a) 藤皮编织　　　　　　　　　　　　　　(b) 原藤条编织

> 图4-3-14　藤家具的编织方法与质感

③ 针对不同的用户群体，选用适当的材料。不同的年龄、性别、职业、社会地位、使用环境中的群体拥有不同的情感。产品就是要在特定的环境下吸引特定人群的注意力，激发出目标消费者的情感。如针对儿童的家具，设计应激发出安全、愉悦、好奇等基本情绪；体现女性主题的家具则可以激发出其审美情感、自我表现的情感；对于知识层次高的人，可以激发出其理智的情感体验。

在家具设计中，每种材料都有其自身的质感及其特有的情感表达，设计应注重展示材料的原状，将不同材料的质感巧妙地组织在一起，使其散发着独特的美感，而非利用装饰设计掩饰材料。一件成功的家具产品，占主要地位的是设计师是否了解人们的心理需求，只有将材质的情感化与家具融合到一起，注重以人为本的理念，才能引起情感的共鸣。

4.4　家具造型设计的美学法则

家具造型设计不是抽象的艺术表现问题，而是用艺术的形式与手段去充分体现产品的功能特点，是现代科学与艺术的有机结合。视觉感受是家具最重要的外在特征，作为商品，如果家具缺乏美的感觉就难以唤起消费者的购买欲；而作为生活用品，使用者需要天天与家具直面相对，产品视觉感受的好与坏大大影响了人们的情绪。因而，要设计出造型美的家具，就必须应用美学法则等去表现产品的艺术和精神功能。

什么是美？美的事物一般都符合自然规律的形式，经常以其鲜明生动的形式，给人们以舒适、愉悦的感受。各种形式的美感更是以是否符合自然形式的规律性，如均衡、比例、节奏、韵律、统一与变化等，作为美的衡量尺度。这些"美"的原则同样是艺术造型所应遵循的美学法则。美学法则是人类在创造美的过程中对美的形式规律的经验总结和抽象概括。家具造型设计中的美学法则包括尺度与比例、统一与变化、节奏与韵律、均衡与对称等。

4.4.1　尺度与比例

（1）尺度

"尺度"这一术语的应用范围很广。在测量与制图学中，尺度就是比例尺，表示图上线段的大小与相应的实物线段大小之比，利用这种比可以从图上得到某个对象整体或者其局部实际大小的概念。家具的尺度是指家具造型设计时，根据人体尺度、使用要求和某些特定的意义要求赋予家具的尺寸和对于尺寸的感觉。尺寸有绝对大小，也有相对大小，尺寸大小给人的感觉是通过比较才得出来的。这种物体的尺寸给观赏者的感觉和印象就是物体的尺度感。

在家具造型设计中，要让形体体现尺度的特性，就必须采取一些方法，这个方法的核心就是引入一个在人们的心目中有某种固定感觉的与尺寸有关的因素，用它来和这个形体形成"比较"。局部或孤立的零部件，往往很难判断出它的真实体量，但是如果通过与人的比较或者与人所熟悉的环境进行比较，就易于判别其尺度和尺度感。设计中通常采用的方法有如下两种。第一，以与人的活动联系最紧密，和人的身体接触最直接的部件为参照，确立衡量家具的尺度。图4-4-1所示的是勒·柯布西耶使用人体等自然物作为基本类比元素创造的"勒氏模数尺"，将人与家具、建筑各部分比例、尺度关系互相协调起来。第二，以人们最熟悉的物体尺寸作为一种度量来比照出形体的尺度。如图4-4-2所示，在书柜或衣柜的设计中，人们在设置搁板的尺度时，会以放置物品的尺度作为一种衡量的标准，以满足不同物品的存放需求。

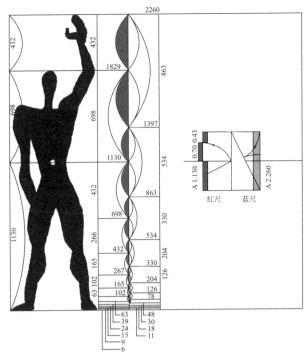

> 图4-4-1 勒氏模数尺

> 图4-4-2 以物体作为尺度的参照

（2）比例

家具的比例是指家具及所处环境中所有尺寸之间的比率关系。比例匀称的造型能产生优美的视觉效果，并与完善功能形成统一，是家具形式美的关键因素之一。

家具造型中存在各种比例因素，其中最主要的有如下几种。第一，家具整体的比例，如家具宽、深、高三维方向的规格尺寸所形成的比例关系。第二，局部与整体的比例，如家具单体与家具整体间的比例关系，家具表面的划分与家具整体的比例关系等。第三，家具单体间的尺寸和比例，组合家具常常是由多个单体构成的，构成这件家具的单体之间的比例，如家具中高、低不同的单体间的比例。第四，零部件与单体的比例。家具单体是由零部件组成的，零部件的尺寸与单体尺寸之间存在一定的比例关系，如带框的柜门的框架宽度与柜体宽度之间的比例关系，椅腿尺寸与椅身尺寸之间的比例关系等。

　　自然形态及人为形态之中，都存在着许多具有好的美感的比例关系，这些比例为造型设计提供了丰富的参考。在家具设计中，黄金比例、根号长方形、整数比、级数比等数学法则最为常用。

　　① 黄金比例

　　黄金比例又称为黄金分割，比值为0.618，凡图形的二段或局部线段与整体线段的比值在0.618或近似时，都被认为是较美的比例关系。如图4-4-3所示，将一条线分为大小两段AE及EB，使小的一段和大的一段之比与大的一段与整个段之比相等，即

EB：AE=AE：AB，设小段为1，大段为X，则1：$X=X$：（X+1），$X^2=X+1$，$X = \dfrac{1 \pm \sqrt{5}}{2}$，即$X \approx 1.618$。AE与EB就处于具有匀称而优美的比例关系，E点就是AB的黄金分割点。自古罗马以来，黄金比例一直作为美的比例被广泛应用，如图4-4-4所示，有公司利用黄金分割比例，设计出了一款组合家具，一个衣柜、一个书架、一个储物柜和一个茶几，外加几个小件，几乎把黄金分割应用到了极致。

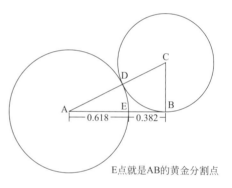

E点就是AB的黄金分割点

> 图4-4-3　黄金比例

> 图4-4-4　黄金比例在家具中的应用

　　② 根号长方形

　　设正方形的边长为1，用其对角线作图，可画出短边为1、长边为其对角线即$\sqrt{2}$的长方

形。又以√2长方形的对角线√3，用同样方法作图，也可画出长边为√3的长方形。以此类推，可以按顺序画出无限多的根号长方形。设计造型时可以按照平方根的根值比（1：√2或1：√3）进行分割，产生类似于黄金比分割的形式美感（图4-4-5）。

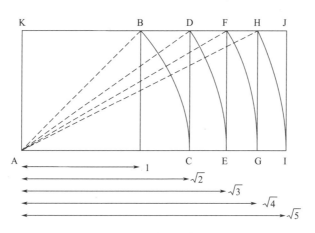

> 图4-4-5　根号长方形比

③ 整数比

一般把1：1，1：2，1：3，1：4……，或1：2：3：4：5……这样由整数形成的比例叫整数比。这是一种易于理解的数列关系，因而应用范围广泛，使用价值高，并在造型设计中呈现出有序、清晰、条理的美感（图4-4-6）。

> 图4-4-6　整数比在家具中的应用

④ 级数比

这是从级数关系中获得的比例。级数比的方式多种多样，常用的有等差级数比和等比级数比两种。等比级数比由2：4：8：16：32……构成，其增加率大，具有较强的韵律感；黄金分割级数比由2：3：5：8：13……构成，其中各项等于前两项之和。其相邻两项之比5：8=1：1.6，34：55=1：1.617，接近黄金比例1：1.618（图4-4-7）。

> 图4-4-7　级数比在家具中的应用

在家具造型设计中，首先要解决的是尺度问题，然后才能进一步推敲其比例关系。造型中如果只有各部分之间的良好比例，而没有合理的尺度是不可能符合使用要求的。造型中的比例和尺度问题应该综合、统一地加以研究，两者的协调统一乃是创造完美造型的必要条件之一。

4.4.2　统一与变化

统一与变化是适用于各种艺术创作的一个普遍法则，同时也是自然界客观存在的一个普遍规律。一件艺术作品的重大价值，不仅在很大程度上依靠不同要素的数量，而且还有赖于艺术家把它们安排得统一。换句话说，伟大的艺术，是把繁杂的多样变成最高度的统一。

在家具设计中，产品是由不同功能、不同材料、不同结构的若干构件组成的，虽然这些构件之间的形式、材料、色彩、功能等都各不相同，但它们作为构成整体的组成部分，相互间存在非常密切的内在联系。从变化和多样性中求统一，在统一中又包含多样性，力求统一与变化的完美结合，是家具造型设计的基本原则。

（1）统一

统一是指把若个不同的组成部分（如家具与家具之间以及家具各部分之间）按照一定的规律和内在联系，有机地组合成一个完整的整体，形成一种一致的或具有一致趋势的感觉。为取得家具产品造型的变化与统一，主要采用的造型手法是在变化中求统一，在统一中求变化。这两种手法常常又具体表现在协调、主从、呼应等处理手法上。

协调，是通过缩小差异程度的手法，把各部分有机地组织在一起，使整体和谐，达成一致，其强调统一要素中不同程度的共通，以表现相互之间的联系与和谐。如图4-4-8所示，在家具造型设计中最主要、最简单的一类统一是运用简单几何形状，在对书柜空间的水平与垂直分割时，设计出以"矩形"为主体的造型，尽管这些"矩形"比例不一，错落有致，但

> 图4-4-8 协调在家具中的应用   > 图4-4-9 主从关系在家具中的应用

仍然具有高度的统一感。

　　主从，即强调次要部位对主要部位的从属关系，以此达到整体的"统一"。尽管家具局部与局部之间、单体与单体之间存在某些差异，但通过强调主体的方法，可以使这些有差异的部分达到协调。如图4-4-9所示，床身通常是床组合的主要部位，而床头柜则为次要部分，只要床头板高出于床头柜成为"中心"，床头柜与床头板之间在形状上的差异是可以被接受的。

　　呼应，通常我们所说的"一套"家具或一个"系列"家具，它们必然应具有某种"统一"的性质，即呼应。这种统一大多数是建立在"相同的或相似的造型元素"的基础之上。一种艺术风格、一种形状、一种装饰元素（如装饰题材、装饰图案等）、一种材料（材料的色彩、材料的质感等）、一种结构形式、一些相同的配件或功能单体、一种色彩或色彩搭配方式等，都可能成为"统一"的"纽带"。

（2）变化

　　统一中求变化就是在统一的基础上，在不破坏整体感觉的前提下，力求表现效果的丰富多彩。"变化"即指冲突、对比，因而"变化"有时可以取得比"统一"更强的视觉冲击力。"对比"是求得变化的重要手段。对比就是把造型要素中的某一要素如线、色等按显著的差异程度组织在一起加以对照。它强调同一要素中的"不同"，在这种差异中相互衬托，表现各自的个性和特点。

　　家具造型设计中，最常见的对比要素主要有以下几种。

　　① 线条——长与短、曲与直、粗与细、横与竖。

　　② 形状——大与小、方与圆、宽与窄、凹与凸。

　　③ 色彩——冷与暖、明与暗、灰与纯。

　　④ 肌理——光滑与粗糙、透明与不透明、软与硬。

　　⑤ 形体——开与闭、疏与密、虚与实、大与小、轻与重。

　　⑥ 方向——高与低、垂直与水平、垂直与倾斜。

在众多设计要素中，色彩是城市户外家具最容易创造和烘托气氛的要素。在户外景观设计中，为了取得空间整体性效果，色彩通常都是以大面积调和色为主，这势必会引起人们的视觉疲劳。这时可以运用户外家具中对比的色彩设计手法丰富空间层次，提升品质。如图4-4-10所示，奥地利维也纳现代艺术博物馆通过一组明亮鲜艳的公共户外家具形成了视觉中心，弥补了空间的呆板沉闷，丰富了空间，同时还增添了一丝时尚气息，与现代艺术博物馆形成呼应。

> 图4-4-10　维也纳现代艺术博物馆户外家具

由此可见，统一是绝对的，变化是相对的。对"变化"手段的运用决不能是简单直接的，而应该具有某种"技巧"，这种技巧就是我们所说的"调和"。"调和"是通过缩小差异程度的手法，把对比的各部分有机地组织在一起，使整体和谐一致。达到"调和"的手法就是在"不同"中寻找"相同"的因素。

4.4.3　韵律与节奏

韵律与节奏是物质运动的一种周期性表现形式，有规律的重复，有组织的变化都是富有韵律感的现象。节奏是韵律的条件，韵律是节奏的深化。节奏与韵律的运用，能创造出形象鲜明、形式独特的视觉效果，表现轻松、优雅的情感。

韵律是有规律地重复和变化的结果，重复是产生韵律的条件，韵律是重复的艺术效果。在家具造型设计中应该对家具某些功能构件、装饰图案、形体特征等的重复现象，巧妙地加以利用。一般而言，韵律的形式可以分为连续韵律、渐变韵律、起伏韵律和交错韵律等多种形式。

连续韵律：由一个或几个单位组成，并按一定的距离连续重复排列而成的韵律，如椅子的靠背、橱柜的拉手、家具的格栅等。渐变韵律：在连续重复排列中，逐渐地增加或减少某一要素的大小、形式或数量，如在家具造型设计中常见的组套茶几或有渐变序列的橱柜。起伏韵律：将渐变韵律呈现出起伏的变化，即有规律的波浪式起伏的韵律，如家具的有机造型起伏变化、高低错列的家具排列等。交替韵律：多种造型元素有规律地穿插、交替出现，如竹藤家具中的编织纹样、地板排列等，都是交错韵律的体现（图4-4-11）。

(a) 连续韵律

(b) 渐变韵律

(c) 起伏韵律

(d) 交替韵律

> 图4-4-11 韵律在家具设计中的运用

4.4.4 均衡与对称

　　家具由一定体量的不同的材料组合而成，常常表现出一定的重量感。平衡是指家具各部分相对的轻重感关系。学习和运用平衡法则，是为了获得家具设计上的完整感与安定感。

　　所谓均衡，就是指在严格的形体辨认中不对称，而视觉上可以认为是对称的一种构图手法（视觉对称、形体非对称）。与对称相似，我们的视线总可以在一组不规则对称的构图中"找"到视觉平衡的位置，这个位置我们就叫做"均衡中心"。在家具造型设计中，要获得均衡感，最普遍的手法就是以对称的形式安排形体，如镜面对称、轴对称、旋转对称。

　　对称存在的条件有三：一是有"对称轴"存在；二是对称轴两边的形体一致；三是要标定出"对称轴"（图4-4-12）。家具的立面效果越是复杂，在这个立面上强调对称的因素越是重要。有些家具形体的对称轴可能会反映在某一具有"线"的特征的构件上；有些家具的对称轴存在于家具中间部位的单体中；此外，还可以通过强调局部形成视觉上的对称轴。

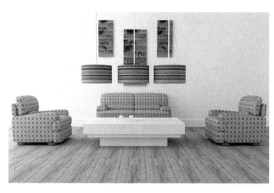

> 图4-4-12　对称轴在家具中的应用

　　此外，从系统设计的观点出发，对于家具的均衡设计还应该考虑到与家具相关的诸如色彩、造型等其他因素的影响。如图4-4-13（a）所示，在家具的设计中，产品通过左右两个白色块的运用形成了视觉上的均衡与对称感；而图4-4-13（b）中，整个产品构图则通过不同造型但相同色彩的灯具、瓷器等室内陈设品的搭配达到了均衡。

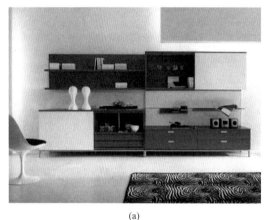

(a)　　　　　　　　　　　　　　　　　　　(b)

> 图4-4-13　均衡感在家具中的体现

课题训练

　　1. 家具造型设计中的形态要素有哪些？请分别利用不同设计要素进行家具造型设计训练。

　　2. 选取家具史中任意家具，尝试提炼出相关的形态要素。

　　3. 家具造型设计中的美学法则有哪些？请分别利用不同的美学法则进行家具造型设计训练。

　　4. 以某一主题为切入点，完成一件单体家具的造型设计，并阐释设计中所用到的相关造型设计原理。

5

家具的材料与结构设计

学习目标

1. 系统学习家具制作的各种材料性能、加工工艺和可持续性特点，了解各种材料对家具质量、使用寿命、维护保养等方面的影响。

2. 掌握家具结构设计的基本原理和方法，了解不同结构类型对于家具稳定性和耐用性的关键作用。

3. 具备选择满足家具设计要求的材料并进行合理结构设计的能力，能够在实践中综合考虑材料特性、成本、环保要求等因素。

功能是先导，是推动家具发展的动力；造型是主干，是实现功能的基础；材料与结构是支撑，是制造家具实体的物质条件。家具的造型需要精心的设计、巧妙的构思，而好的想法需要通过好的材料、合理的结构构造以及精细的加工，才能实现预先的设想，取得好的结果。家具的安全性与舒适性直接取决于材料的特性和结构设计方法，家具的表现形式也与材质和制作技法密切相关。同时，结构与生产工艺又是相互影响较大的两个因素，家具的结构决定了生产的工艺和流程，而生产工艺水平反过来又限制了家具结构的实现。因此，在家具的结构设计中，设计师应根据不同产品的材料、使用及环境特点进行合理的力学分析，选取合适的连接形式和结构类型运用到设计实践中。

5.1　家具材料

在家具设计和制造的范畴里，家具材料是指用于家具主体结构制作、家具表面装饰、局部粘接和零部件紧固的、与家具相关的各种材料总称。材料是家具造型和结构的物质基础，是实现家具造型的前提和保障，不同的材料由于物理性质及化学性质的不同，给人不同的质感和审美情趣。家具的主材主要可以分为天然木材、木质人造板材、竹材、藤材等自然材料和金属、塑料、玻璃等人工材料。

随着新材料、新技术和新工艺的不断产生和发展，家具的材料更多采用两种或多种材料搭配设计，从而突出家具不同的风格与审美特征，使产品丰富多变，满足人们对不同造型、结构和舒适性的要求。丹麦著名家具设计师凯尔·柯林特（Kaare Klint）指出："将材料特性发挥到极致，是任何完美设计的第一原理。"

5.1.1　天然木材

木材是一种质地精良、质感优美、易于加工成型的自然材料，也是一种沿用最久、使用最多的家具材料。木材的种类很多，如表5-1-1所示，一般可分为针叶材（软材）和阔叶材（硬材）两大类。

表5-1-1　木材的分类

种类	材料特点	典型代表
针叶材	树干通直而高大，纹理平直，材质均匀，木质轻软，易于加工，强度较高，表面密度及膨胀变形小，耐腐蚀性强	红松、落叶松、白松、云杉、冷杉、柳杉、铁杉、红豆杉、杉木、柏木、马尾松、华山松、云南松、北美黄杉（花旗松）、智利松等
阔叶材	树干通直部分一般较短，材质较硬，难加工，密度较大，强度高，胀缩翘曲变形大，易开裂，适于作尺寸较小的家具构件	水曲柳、白蜡木、椴木、榆木、杨木、槭木（色木）、枫木、桦木、酸枣、漆树、黄连木、冬青、桤木、栗木、冬青、栗木、椎木、黄杨木、橡胶木、楠木、橡木、柚木、桃花心木、樟木、紫檀木、花梨木、黑檀木、鸡翅木、铁力木、樱桃木、胡桃木等

　　木材既是一种天然生物资源（Re-generation），又是可多次再用（Reuse）和循环利用（Recycle）的资源，具有如下优点。① 天然的色泽和纹路：木材因年轮和木纹方向的不同而形成各种粗细直斜纹理，经锯切、旋切或刨切以及拼接等多种方法，可以制成丰富而美丽的花纹；同时不同树种的木材也具有深浅不同的天然颜色和光泽（图5-1-1）。② 质轻强度高：木材具有较高的弹性和韧性，能耐较大的变形而不折断，耐冲击和振动。③ 容易加工：木材经过采伐、锯截、干燥等便可使用，可通过简单工具或机械进行切削加工、装饰处理，还可以采取榫、胶、钉、螺钉、连接件等多种接合方式。④ 电传导性小：由于木材是有孔性材料，因而绝缘性能好，热传导慢，热膨胀系数小，常给人以冬暖夏凉的舒适感和安全感。例如，在城市公共坐具的设计中，金属材料由于材料热传导性高，在使用中常给人们带来种种不舒适感，夏季人们就座时感觉过烫，而冬季则冰冷，为了解决这个问题，金属材料在设计中可以与木质、塑料材料等材料搭配使用（图5-1-2）。

> 图5-1-1　不同材料的木质家具

> 图5-1-2　金属与木质材料的组合设计

　　与此同时，木材也有吸湿性（干缩湿胀性）、各向异性、节疤虫眼、易受虫菌蛀蚀和易燃等缺点。其中，木材的吸湿性对产品的加工、利用影响极大，不仅会造成木材尺寸、形状和强度的改变，而且会导致板材变形、开裂、翘曲和扭曲等。木质家具制作完成后，造型、材质都不会再改变，此时决定家具内在质量的关键因素主要是木材含水率。正常状态下的木材及其制品，都会有一定数量的水分。我国把木材中所含水分的重量与绝干后木材重量的百分比，定义为木材含水率。木材是一种具有干缩湿胀性的材料，当木材含水率高于环境的平衡含水率时，木材会排湿收缩，反之会吸湿膨胀。例如，广州地区年平均的平衡含水率为15.1%，北京地区却为11.4%。干燥到11%的木材用于北京是合适的，但用于广州将会吸湿膨胀，产生变形。因而，家具在加工过程中，木材干燥要适当，用材的含水率须干燥到使用地区的平衡含水率以下，一般北方为12%左右，南方为18%左右，华中地区约为16%。

5.1.2 竹材

竹材是亚洲的特产，遍布于我国西南、中南和华东各地，其生长速度比树木快得多，仅需三五年时间便可加工应用，因而从供应上来看，可谓"取之不尽，用之不竭"的天然资源。

自古至今，竹材家具在我国黄河以南各地区使用较为普遍。据有关史料记载，我国早在唐宋时期已有竹家具，从唐宋时期的一些佛教画像中可以看到用竹子做的四出头官帽椅、脚凳、禅椅等竹家具。但由于难于长久保存，清代以前的竹家具实物已不可见，即使清代留下的竹家具也不多见，但从有关的史料考证及其对硬木家具的影响分析，明清竹家具是非常流行的。现有的竹家具主要有传统款式的凳、椅、桌、床、柜、架、几、案、屏风等（图5-1-3）。

(a) 竹片的应用

(b) 竹竿的应用

> 图5-1-3 竹材在家具中的应用

随着科学技术的发展，现今竹家具的内涵和外延已发生了很大的变化，竹材不仅可以直接用于加工传统的圆竹家具，而且可以锯切成竹片，旋切成竹单板，刨切成竹薄片，制造竹胶合板、竹层积材（层压板）、竹集成材、竹刨花板、竹纤维板等竹材人造板。竹材人造板和竹材相比具有以下特性：幅面大、变形小、尺寸稳定；强度大、刚性好、耐磨损；具有一定的防虫、防腐性能；可以进行各种覆面和涂饰装饰，以满足不同使用要求等（图5-1-4）。此外，竹材人造板还可以进行防霉、防蛀、炭化、软化、漂白、染色等改性处理。

> 图5-1-4 竹人造板材在家具中的应用

5.1.3 藤材

　　藤材盛产于热带和亚热带丛林之中，生长、分布在亚洲、大洋洲、非洲等热带地区。我国对藤的开发和利用有悠久的历史，高足家具还没有出现以前，人们坐卧用家具多为席和榻，其中就有藤编织而成的席。自汉代以后，随着生产力的发展和制藤工艺水平的提高，我国藤家具的品种日益增多，藤椅、藤床、藤箱、藤工艺品相继出现，欧美许多著名博物馆至今仍完好如初地收藏着中国藤家具。

　　藤材的肌理自然、色彩柔和、强度高、韧性大、易加工、易弯曲变形等特点，赋予了藤家具质朴简练、清新雅致、自由随意、动感十足的风格特征。藤编家具根据藤材利用部位的不同可以分为藤皮家具、藤芯家具、原藤条家具及磨皮藤条家具四种类型（图5-1-5）。

(a) 藤皮家具

(b) 藤芯家具

(c) 原藤条家具

(d) 磨皮藤条家具

> 图5-1-5 藤家具

5.1.4　金属材料

在现代工业社会，金属材料以其优良的力学性能、加工性能和独特的表面特性，应用广泛，特别是在家具行业。家具中的金属类材料主要有铸铁、钢材制成的各种管材、板材及型材。

（1）铸铁

铸铁是一种含碳量在2%以上的黑色金属。材料质重性脆，无延展性，抗压强度高，表面具有丰富的肌理效果，自然朴实，给人一种厚重的历史积淀感，常用于家具底座、支架等支撑件，或家具立面的局部铁艺装饰、仿古及欧式等家具的设计中，既承载了厚重的历史，又寄托了现代人的怀旧情绪（图5-1-6）。

> 图5-1-6　铸铁家具

（2）钢材

钢材是含碳量在0.03%～0.2%，抗拉强度、抗剪强度、弹性、韧性等力学性能都非常卓越的材料。钢结构家具形态独特，坚硬挺拔，具有科技感、现代感和力度感，将艺术性与实用性统一了起来。用于家具制作的钢材多为碳素钢，以钢板和钢管两种形式为主，按其形状可分为型钢（圆钢、扁钢和角钢）、钢管（焊接钢管和无缝钢管）、钢板（薄钢板，4mm以下可做面板件）。金属家具通常采用焊、螺钉、销接等多种连接方式组装、造型，结构形式多种多样，通常有拆装、折叠、套叠、插接等。例如图5-1-7中所示的金属与木材结合的庭院休闲桌椅，即钢木家具，是以金属管材或板材为家具主要框架基材，并在椅背、椅面、扶手及桌台面等与人体直接接触的适当位置，用经过特殊防腐防霉处理的天然木质材料进行结合设计而成的家具。与传统木质椅子相比，金属椅更加轻巧、牢固、不易变形。GLOSTER公司的KORE系列金属柚木休闲桌椅，产品以不锈钢金属管材和型材为结构骨架，通过插接、搭接、螺钉、螺栓等连接方式将木质表面基材固定于金属框架之上，具有较好的承载效果，稳定性高。此类家具既克服了单一金属材质家具给人以冰冷的感觉及因导热性强而引起的使用舒适性差等问题，又通过金属与木质材料的搭配产生一种刚与柔、人工与自然、冷峻挺拔与温和厚重、现代与古朴的对比效果，丰富了金属家具的视觉效果和给人的心理感受。

> 图5-1-7 庭院休闲桌椅

5.1.5 玻璃

玻璃是一种透明的人工材料，有良好的防水、防酸碱以及适度的耐火耐磨的性能，可以通过截锯、雕刻、喷砂、化学腐蚀等艺术处理，得到透明或不透明的效果，以形成图案装饰，丰富家具造型立面效果。

玻璃是柜门、搁板、茶几、餐台等家具中常用的一种材料。木材、铝合金、不锈钢等与玻璃相结合，可以极大地增强家具的装饰观赏价值。现代陈设设计中，家具与灯具的设计日益走向组合，玻璃由于透明的特性，更是在家具与灯光照明效果的烘托下起到了虚实相交、交映生辉的装饰作用。

如图5-1-8所示，住在美国西北部沿海地区的家具设计师Greg Klassen设计了一系列"河流"桌子。其选用的木材来自回收的树木。他将收集来的这些原木顺着纹路切开，再依照边缘切割出代表河流的蓝绿色玻璃，将其镶嵌到木头中。桌子上蓝绿色的玻璃看上去仿佛就是一条蜿蜒曲折的河流。

家具中常用的玻璃有磨光玻璃、钢化玻璃、弯曲玻璃、彩色玻璃、镜面玻璃等。其中，钢化玻璃常作为家具台面使用，厚度有4mm、5mm、6mm、8mm、10mm、12mm、15mm等规格，曲面钢化玻璃厚度有5mm、6mm、8mm三种。

> 图5-1-8 "河流"系列桌子设计

5.1.6　塑料

　　塑料是新兴的并不断被改进的人工合成材料。自19世纪以来，发展迅速，用途广泛。20世纪60年代中期意大利设计界倡导塑料家具开发，其以丰富的色彩和简洁富于变化的造型，将复杂的功能糅合在单纯的形式中，为现代家具开辟了新的设计途径。

　　塑料可以通过注塑成型、吹塑成型、挤出成型、压制成型、热成型、压延成型、滚塑成型、浇铸成型、搪塑成型等成型工艺加工成人们想要的任何形状，这为产品形态设计的多样性提供了可能。但受阳光、风雨等自然应力长时间作用后，塑料会发生老化、褪色、开裂、强度下降等变化，因而很少单独使用在室外家具中，常与金属、石材等材料搭配使用。

　　家具设计中常用的塑料材料主要有玻璃纤维增强塑料（FRP）、苯乙烯-丁二烯-丙烯腈三元共聚物树脂（ABS）、亚克力（PMMA）、聚氨酯泡沫塑料（发泡塑料）、聚乙烯（PE）、聚氯乙烯（PVC）等。例如，日本设计师Shiro Kuramata设计的"布兰奇小姐"椅，充分利用了丙烯树脂的透明材质，把鲜艳的绢花浇铸在透明有机玻璃椅子造型中，有机玻璃的板块造型与铝合金腿构成简练的造型（图5-1-9）。Alexander Lotersztain设计的Twig Plastic产品是一个将就座与照明功能合二为一的，集模块化、互动性为一体的发光公共坐具，造型美观时尚，座椅主要由耐久性较好的聚乙烯材料制成，同时内置LED发光光源，通电后可以提供100 ~ 150勒克斯的光照度，为城市夜晚增添一道亮丽的景象（图5-1-10）。设计师Davide G. Aquini设计出的一系列Marbled Stools，看起来就是有着美丽纹路的冰凉

> 图5-1-9　"布兰奇小姐"椅

> 图5-1-10　Twig Plastic

> 图5-1-11　Marbled Stools

的花岗岩，当人坐在上面，却得到软绵绵的感受。设计师选择了软聚氨酯混合物，完全模拟花岗岩，创作出一个美丽的谎言，寄希望于每个坐下来的人都可以感受到大自然的拥抱和爱（图5-1-11）。

5.1.7　木质人造板

目前，木材虽然具有众多优点，但仍存在容易变形、开裂、翘曲等缺陷，且由原木经过各种切削加工制成产品后的利用率仅有60%～70%，浪费很大。木质人造板是将原木或加工剩余物经各种加工方法制成的木质材料。其种类繁多，目前在家具生产中常用的有胶合板、刨花板、纤维板、细木工板等。木质人造板具有幅面大、质地均匀、表面平整、易于加工、利用率高、变形小和强度大等优点。采用人造板生产家具，结构简单、造型新颖、生产方便，便于实现标准化、系列化、通用化、机械化。因此在现代家具生产过程中，人造板材已经逐渐代替原来的天然木材成为木质家具中的重要原材料，除少数的方材部件必须用实木外，大部分板材部件均采用各种人造板材（图5-1-12）。

> 图5-1-12　木质人造板家具

（1）胶合板

胶合板是用原木经旋切或刨切成单板，涂胶后用三层或三层以上的奇数单板，纵横交叉胶合而成，各单板之间的纤维方向互相垂直，最上一层的板材常采用优质树种的薄木。胶合板原材料的主要树种有山樟、柳桉、杨木、桉木等，具有幅面大而平整，不易干裂和翘曲，加工简单，便于弯曲等特点，适合用于家具制作和室内装饰等。胶合板幅面（宽×长）规格主要有915mm×1830mm、915mm×2135mm、1220mm×1830mm和1220mm×2440mm。厚度规格则一般有2.6mm、2.7mm、3mm、3.5mm、4mm、5mm、5.5mm、6mm、7mm、8mm等（8mm以上以1mm为单位递增）。一般三层胶合板为2.6～6mm，五层胶合板为5～12mm，七～九层胶合板为7～19mm，十一层胶合板为11～30mm。

在设计中，胶合板可与木材配合使用。它适用于家具上大幅面的部件，如各种柜类家具的门板、面板、旁板、背板、顶板、底板，抽屉的底板和面板，以及成型部件如折椅的靠背板、坐面板、沙发扶手等。如图5-1-13所示，波兰女设计师Alicja Prussakowska设计的名为"Mizu"的架子，产品中间用铁丝穿插了4块能承受一定弯折的胶合板，这样整体架子形状就取决于放在上面的东西的位置和重量。Mizu在日语中是水的意思，4块木架像波浪一样凹凸起伏，有强烈的装饰性，体现出使用者的个人趣味。如图5-1-14所示，印度设计师Karan Singh Gandhi以Mudra手势（Mudra在梵文里代表一种礼貌的手势，这种手势在印度文化包

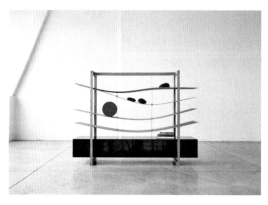

> 图5-1-13　"Mizu"架子

> 图5-1-14 "Mudra"座椅

括瑜伽艺术中都非常重要,象征着均衡和入定)为原型设计了一款座椅,产品左右对称,两侧微微上扬,形成柔和的曲面,座位下面用了很细的白色金属杆,模拟两手交叉的样子。

(2)刨花板

刨花板是利用小径木、木材加工剩余物(板皮、截头、刨花、碎木片、锯屑等)、采伐剩余物和其他植物性材料加工成一定规格和形状的碎料或刨花,经过干燥,拌以胶黏剂、硬化剂、防水剂,在一定的温度下压制而成的一种人造板材,又称碎料板。由于刨花板具有结构比较均匀、长宽同性、无生长缺陷、不需要干燥、加工性能好、利用率高等优点,因而可以根据需要加工成大幅面的板材,是制作不同规格、造型家具的理想材料。但刨花板同样具有表面抗拉强度低、厚度膨胀率大、边部容易脱落、不宜开榫、握钉力低、切削加工性能差、游离甲醛释放量大、表面无木纹等缺点。刨花板幅面(宽×长)规格主要有915mm×1830mm、915mm×2135mm、1220mm×1830mm和1220mm×2440mm。厚度规格则一般有4mm、6mm、8mm、9mm、10mm、12mm、14mm、16mm、19mm、22mm、25mm、30mm等。

刨花板在家具设计中主要作为柜类家具的原材料使用,例如骨架承重件(旁板、顶板、横格板、底围板等),封闭、装饰、功能件(门、抽屉等)和柜体加固件(背板等)。因为边缘粗糙,容易吸湿,因而用刨花板制作的家具,板材边部须采用实木封边或塑料封边,表面需粘贴单板或其他饰面材料后才能使用(图5-1-15)。

> 图5-1-15 胶合板在家具中的应用

（3）纤维板

纤维板是以木材或其他植物纤维为原料，经过削片、制浆、成型、干燥和热压而制成的板材，常称为密度板。纤维板按照密度的不同，可分为高密度纤维板（HDF，密度一般为0.8 ~ 0.9g/cm³）、中密度纤维板（MDF，密度一般为0.4 ~ 0.8g/cm³）、软质纤维板（LDF，密度小于0.4g/cm³）。中密度纤维板（MDF）和高密度纤维板（HDF）具有幅面大、结构均匀、强度高、尺寸稳定变形小、易于切削加工（据截、开挥、开槽、砂光、雕刻和铣型等）、板边坚固、表面平整、便于直接胶贴各种饰面材料、涂饰涂料和印刷处理等特点；而软质纤维板（LDF），密度不大，物理力学性能相对较差。

纤维板幅面（宽×长）规格主要为1220mm×2440mm。厚度规格则一般有6mm、8mm、9mm、12mm、15mm、16mm、18mm、19mm、21mm、24mm、25mm等。

（4）细木工板

细木工板俗称大芯板，它是将厚度相同的木条，同向平行排列拼合成芯板，并在其两面按对称性、奇数层以及相邻层纹理互相垂直的原则各胶贴一层或两层单板而制成的实心覆面板材，因而细木工板是具有实木板芯的胶合板，也称实心板。细木工板的结构稳定，不易变形，加工性能好，强度和握钉力高，是木材本色保持最好的优质板材，广泛用于家具生产和室内装饰，尤其适于创作台面板和坐面板部件以及结构承重构件。

细木工板幅面（宽×长）规格主要为1220mm×1830mm、1220mm×2440mm等。厚度规格则一般有12mm、14mm、16mm、18mm、19mm、20mm、22mm、25mm等。

（5）空心板

空心板是由轻质芯层材料（空心芯板）和覆面材料所组成的空心复合结构板材。空心填料主要包括由单板条、纤维板条、胶合板条、牛皮纸等制成的方格形、网格形、波纹形、瓦楞形、蜂窝形、圆盘形等形式的填料。空心板具有质量轻、变形小、尺寸稳定、板面平整、有一定强度等特点。在家具生产中，通常把木框和轻质芯层材料的一面或两面使用集合板、硬质纤维板或装饰板等覆面材料胶贴制成空心板，板材规格通常无统一标准幅面和厚度，由家具制造者自行生产。

（6）木塑复合材料

现今，由于天然林木资源已被人类过度开发，剩余资源用于维持生态平衡的价值远大于加工利用，因而各种生物型复合材料开始兴起。其中，木塑料复合材料发展迅速，成为世界上许多国家优先推广应用的新型材料之一，正逐步替代木材在家具中使用。木塑料复合材料（Wood-Plastic Composites），主要以竹粉、稻壳、麦秸、棉秆等天然植物纤维材料为基础材料，并与聚乙烯（PE）、聚丙烯（PP）等聚烯烃、聚苯乙烯（PS）和聚氯乙烯（PVC）

等热塑性塑料按照一定的比例混合，经挤出（或压制）制成一种可逆性循环利用的多用途绿色环保型材料。由于木塑复合材料兼有木材和塑料的特点，因而具有质轻、易于加工、强度高、吸水性小、耐虫蛀、耐腐蚀、环保等优良特性，在视觉和触觉上与木材纹理质感相似，给人一种温暖、舒适的自然感。随着生产技术的不断完善，用其制成的家具种类越来越多、使用范围也越来越广，产品主要包括休闲桌椅、家具结构部件等（图5-1-16）。

> 图5-1-16 木塑复合材料在家具中的应用

通常情况下，在木塑复合材料制成的产品中，多采用利用螺钉、螺栓和铆钉等机械连接件将若干个零件、部件和配件按照一定的结构形式装配而成。螺栓连接较之于螺钉和铆钉等两种形式，因具有充分的紧密性和韧性、制作施工方便、承载力大、反复载荷作用下疲劳强度高、安全可靠、美观等优点，常用于产品的主承力构件的连接。但现阶段，由于针对此种材料的研究相对较少，设计中各种参数的设定多是参考木质材料制品的相关标准和经验值确定的。而就木塑复合材料本身而言，由于其兼具木材和塑料两种材料的特性，在产品的实际应用中，如何通过材料的合理应用，既能满足产品基本的力学性能要求，避免构件发生脆性破坏等不安全因素，又能提高原材料的利用率、降低成本，成为未来产品设计中应重点解决的课题。

5.2 木质家具的结构设计

木质家具主要是指以木材或木质人造板材料为主，采用各种加工方法和各种结合方式制成的一类家具。它由若干个零件、部件和配件按照一定的结构形式相互连接组装构成家具成品（图5-2-1）。零件是家具的最基本组成部分，是经过机械加工后没有组装成部件或制品的最小单元，如坐具中的腿、拉档、望板、坐板、横档、竖档、帽头等。部件是由两个以上的零件构成的，通过安装直接形成制品的独立装配件，如台面板、脚架等。

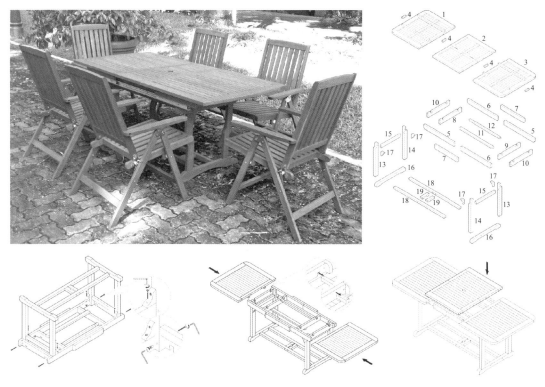

> 图5-2-1　木质家具零件、部件与家具整体关系

5.2.1　木质家具的接合方式

木质家具的各个木质零件、部件以及其他构件都需要相互连接才能构成成品，零件及零件之间的连接称为接合，接合是家具结构的重要内容。木质家具常用的接合方式有以下几种。

（1）榫接合

榫接合是框架结构最为常见的一种结合方式，类似于我国古代建筑中木构架梁柱结构，荷载传递清晰合理。榫接合是在两个木构件上所采用的一种凹凸结合的连接方式。凸出部分叫榫或榫头，凹进部分叫卯或榫眼、榫槽，其各部分名称如图5-2-2所示。

榫接合最基本的形式是将一个榫头插入对应件的卯眼中，而复杂的形式则是一组榫卯多向咬合，达到难分难解的地步，种类繁多，具体如下。

按照榫头基本形状的不同，可分为直角榫、燕尾榫、指榫、圆榫、圆棒榫、片榫等（图5-2-3）。

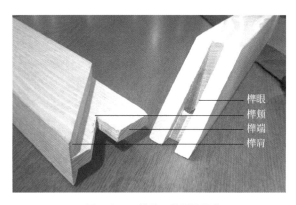

> 图5-2-2　榫头、榫眼的组成

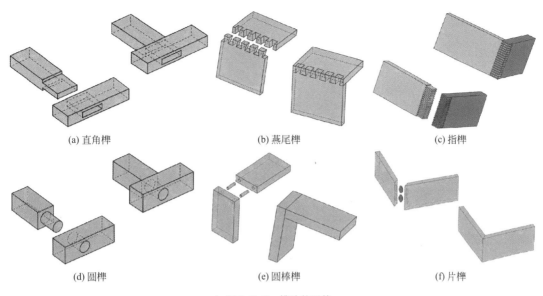

(a) 直角榫　　　　　　　　(b) 燕尾榫　　　　　　　　(c) 指榫

(d) 圆榫　　　　　　　　(e) 圆棒榫　　　　　　　　(f) 片榫

> 图5-2-3　榫头的形状

　　按照榫头数目的多少可分为单榫、双榫和多榫，随着榫头数量的增加，榫的胶合面积增大，提高了木制品的整体强度。一般木框中的方材接合多采用单榫和双榫，如桌子、椅子；箱框的接合多采用多榫，如木箱、抽屉等。

　　按照榫头与工件本身的关系可以分为整体榫和插入榫。整体榫在木制零件端头直接加工而成，与方材之间并没有分离，如直角榫、燕尾榫；插入榫是单个的零件单独加工好以后，插入到被加工的零件中，如圆棒榫、榫片。

　　根据榫眼的深度可以分为暗榫和明榫。暗榫结合后榫端不外露，又称为不贯通榫（一般家具均采用这种结合，尤其处于外部结构中），可避免榫端外露，增加产品的美观性，但由于结合表面较小，结合强度比明榫差；明榫结合后榫头贯通榫眼，榫端外露，又称为贯通榫，结合强度高，结合表面较大，但榫端外露，影响美观。

　　根据榫头侧边的暴露与否可以分为开口榫、半开口榫和闭口榫3种。开口榫结合后可以看到榫头的全部侧边，加工容易，强度较差，并影响美观，多用于窗扇、门扇的立挺与帽头的结合处；半开口榫结合后可以看到榫头部分侧边，可防止榫头的侧向移动，增加胶合面积，提高结合强度，多用于家具结构中要求不太高的部位；闭口榫，结合后看不到榫头侧边，结合强度高，外观较好，但有时易于侧向转动。

（2）钉接合

　　钉接合一般是指将两个部件直接用钉接合在一起，具有工艺简单、生产效率高等特点，但接合强度较小，影响美观，一般只适用于家具内部的接合处、表面不显露的部位以及外观要求不高的地方。在家具连接组装过程中，钉子的种类相对较多，有金属、竹制、木质等3种。竹制、木质钉在我国传统家具中应用中较为普遍，如图5-2-4所示，在圈椅椅圈中的楔钉榫结构，将弧形材截割并用上下两片出榫嵌接，再在中部插入平行四边形的楔钉，能使连接材上下、左右不错移，从而紧密地接合连成结实牢固的一个整体。而金属钉在现代家具中最为常用，有圆钢钉、扁头圆钢钉、骑马钉、鱼尾钉等。

> 图5-2-4　木楔钉在传统家具中的应用

（3）木螺钉接合

木螺钉接合，是利用木螺钉穿过一个被接合零件的螺钉孔，拧入另一个被接合零部件中，而将两者牢固地连接起来。木螺钉接合具有工艺简单、成本低等优点，但不能用于多次拆装，否则会影响结合强度。木螺钉外露于家具表面会影响外观，一般应用于家具的桌面板、柜面板、背板、柜顶板、椅座板、脚架等零件的固定和各种连接件以及拉手、门锁、抽屉等配件的安装（图5-2-5）。木螺钉的类型有一字头、十字头、内六角等，端头形式有平头和半圆头等，装配时可用手动或电动工具进行，被紧固件的孔可预钻，与木螺钉之间采用松动的配合。

> 图5-2-5　木螺钉接合

（4）胶接合

胶接合是指单独用胶黏剂来胶合家具的主要材料或构件而制成零部件及整个产品的接合方法，有助于做到小材大用、短料长用、劣材优用，不仅节约木材，结构稳定，还可以提高和改善家具的装饰质量。近年来随着科技的不断发展，家具中所采用的胶种不断更新，脲醛树脂胶（UF）是目前木材工业中使用量较大的合成树脂胶黏剂，一般用于木制品和木质人造板的生产以及木材胶接、单板层积、薄木贴面等，成本低廉、操作简单，但固化时收缩大、胶层脆易老化；酚醛树脂胶（PF）是由酚类与甲醛缩聚而成，主要用于纸张或单板的浸渍、层级木和耐水人造板的制造，成本高、易龟裂、固化时间长、固化温度高；间苯二酚树脂胶（RF）主要用于特种木质板材、建筑木结构、胶接弯曲构件、指接材或集成材等木制品的胶接；三聚氰胺树脂胶（MF）主要用于树脂浸渍纸、树脂纸质层压板、人造板贴面等；聚醋酸乙烯酯乳液胶（PVAc）即乳白胶，在木制品工业中应用极为广泛，如榫接合、板材拼接、装饰贴面等，但耐水、耐湿、耐热性差；热熔树脂胶主要用于单板拼接、薄木拼接、板件装饰贴面、板件封边、榫接合、V形槽折叠胶合等；聚氨酯树脂胶黏剂广泛应用于制造木质人造板、单板层级材、指接集成材、各种复合板和表面装饰板以及PVC、ABS、橡胶、塑料、皮革的粘接等。

（5）连接件接合

连接件是一种特质并可多次拆装的构件，也是现代拆装式家具必不可少的一类家具配件，可以由金属、塑料、尼龙、有机玻璃、木材等材料制成。根据家具五金在家具上的作用，可以分为结构五金、装饰五金和功能五金。装饰五金是指安装在家具外表面，起装饰和点缀作用的五金件，是家具形态要素的组成部分；结构五金是指连接板式家具骨架结构，实现板式家具使用功能，起结构支撑作用的五金件，包括连接结构五金、支撑结构五金、翻转结构五金、推拉结构五金、拖拉结构五金、折叠结构五金、升降结构五金、旋转结构五金、悬挂结构五金等；功能五金是指除装饰和接合以外的，致力于家具空间拓展应用，或在家具使用中进行辅助功能拓展和衍生的五金件，包括储藏功能五金、调节功能五金、防护功能五金、安全功能五金以及隐藏功能五金。

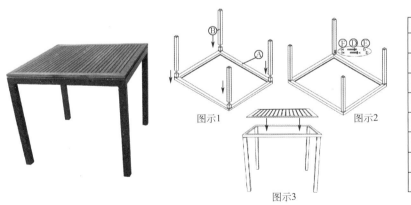

> 图5-2-6 可拆装式家具装配图

连接件接合广泛应用于拆装家具和板式家具中，可以简化产品结构和生产过程，有利于产品的标准化和部件的通用化，方便工业化生产，也为产品的包装、运输和贮存提供了极大的便利。例如图5-2-6中所示的拆装结构休闲桌，整个产品主要由桌框、桌脚、桌面三部分组成，其中桌框与桌脚通过插接、螺栓、螺母相互连接；而桌面与桌框则通过装嵌槽卡接，装嵌槽经冲压加工制成安装于桌框内侧上端，与桌面下端边缘凸面的卡子紧密接合在一起，使产品更加轻巧、灵活，不易变形。

5.2.2　木质家具的基本构件

木质家具或家具的木质结构部分的基本构件主要包括方材、板件、木框和箱框四种形式。在家具使用中，整体寿命往往取决于基本构件的节点连接性能，而导致家具或连接破坏的原因，往往不是因为一次承载载荷超过了设计的最大破坏极限，更重要的是在疲劳和蠕变交互作用下构件连接部位发生松动，进而导致疲劳破坏的情况发生。因而，在结构设计中，设计师应根据家具的不同类型和需要选择适合的构件形式和适当的接合方式进行相互连接。

（1）方材

方材是木质家具的最简单的构件，一般是指宽度与厚度尺寸比较接近（矩形断面的宽度与厚度尺寸比小于2），而长度总是超过其断面尺寸许多倍的长形家具零部件。方材在家具大型部件的使用中，常采用小块方材在宽度、长度、厚度等方向上的胶合以满足产品尺寸的要求。

宽度上胶拼，主要用于制造如桌面、椅面、门板等宽幅面的部件，可通过平拼或榫槽接合方式实现。平拼接合的接合面应刨平直，相邻窄板的接合处要紧密无缝，采用胶黏剂胶压接合，结构加工简单，生产效率高，主要用于长度不大，板面平整的毛料，如椅面胶拼。榫槽接合适用于长料胶拼，加工时需先加工平面作基准面，再铣削侧边加工出凹凸结构的槽与榫，并涂胶拼合，这种结构的拼板容易对齐，强度较高。常用的胶黏剂为动物胶、聚醋酸乙烯酯乳液胶、脲醛树脂胶等。

长度上胶接，常用于制造木质门、窗、家具和建筑装修部件等结构和非结构材，可通过对接、斜面接合、指接接合等方式实现。对接，为木材端面接合，强度低，常用于各种覆面板芯板的加工。斜面接合，是把平拼接合处的平面改为斜面，采用胶黏胶压接合，加工比较简单，生产效率高，但在胶合时接合面不宜对齐，容易产生表面不平的现象。指接接合，在拼板前实木窄板接合处加工出两个以上的齿形，采用胶黏剂胶压接合，拼板表面平整，接合强度较高，但加工比较复杂。此外，指接接合的木材应尽量选用相同树种或材性相似、密度相近的树种，混合使用木材含水率应一致。

厚度上胶合主要采用平面胶合，各层拼板长度上的接头在加工中应错开。

（2）板件

按照材料和结构的不同，木质板件主要有整拼板、素面板、覆面板、框嵌板四种形式。

整拼板常用于制造各类家具的门板、面板及椅凳座板等实木部件，可通过平拼、企口拼、穿条拼、插入榫拼等方式实现（图5-2-7）。在加工过程中，为了减少拼板出现收缩和翘曲，拼板的窄板宽度应控制在200mm以内。

素面板指将未经饰（贴）面处理的如胶合板、纤维板、刨花板等木质人造板基材直接裁切而成的板式部件，并根据家具产品表面装饰的需求，进行贴面或涂饰以及封边处理。

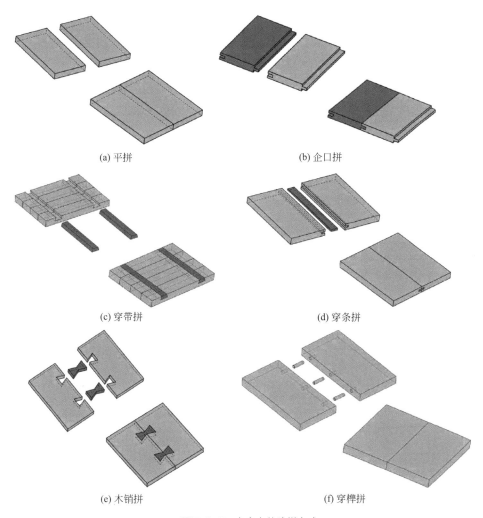

(a) 平拼

(b) 企口拼

(c) 穿带拼

(d) 穿条拼

(e) 木销拼

(f) 穿榫拼

> 图5-2-7　宽度上的胶拼方式

　　覆面板是将覆面贴面材料和芯板胶压制成所需要幅面的板式部件。常用的覆面板主要有以胶合板、纤维板、刨花板为基材，再胶贴覆面材料后制成的实心板，或以木框或木框内带有各种空心填料，经单面或双面胶贴覆面材料所制成的空心板两种板材，板面平整丰富美观，具有装饰效果（图5-2-8）。

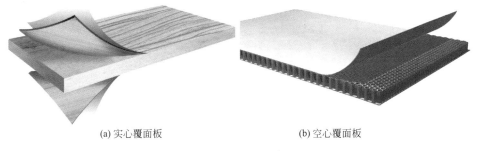

(a) 实心覆面板

(b) 空心覆面板

> 图5-2-8　覆面板

(a) 裁口法嵌板　　　(b) 槽口法嵌板

> 图5-2-9　框嵌板

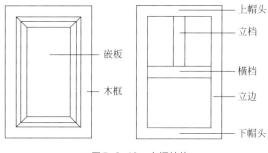

> 图5-2-10　木框结构

框嵌板是指在木框中间采用裁口法或槽口法将各种成型薄板材、拼板等装嵌于木框内所构成的板材。裁口法嵌板是在木框中做出铲口，再在铲口中装入薄板、拼板，并加入各种线型的压条，结构装配简单，板件损坏后易于更换；槽口法嵌板是在木框内侧直接开出槽构，在装配框架的同时装入嵌板，结构嵌装牢固，但更换嵌板时会破坏木框结构，不易拆卸（图5-2-9）。此外，在木框内嵌装各种镜子及玻璃时，需利用断面呈各种形状的压条，压在玻璃或镜子的周边，然后用木螺钉将它与木框紧固。

（3）木框

木框通常是由一系列的方材以榫接合的形式，纵横围合而成，常用于制造门框、窗框、镜框、框架以及脚架等家具构件。木框根据用途的不同，在设计时可以在框架中间增加横向、纵向材，即横挡（横撑）和立档（立撑）（图5-2-10）。

根据方材断面尺寸和构件在家具中的位置、胶合强度、美观性等要求，木框角接合可以采用各种不同的接合形式（表5-2-1）。

表5-2-1　木框角接合的典型方式

类型	接合方式	特点	图示
直角接合	开口贯通榫	可应用于门扇、窗扇角接合处以及覆面板内部框架	
	闭口贯通榫	应用于表面装饰质量要求不高的各种木框角接合处	
	闭口不贯通榫	应用于柜门的立边与帽头的接合处，椅后腿与椅帽头的接合处	
	半闭口贯通榫	应用于柜门、旁板框架的角接合处以及椅挡与椅腿的接合处	

续表

类型	接合方式	特点	图示
斜角接合	单肩斜榫	应用于大镜框以及桌面板镶边等的角接合处	
	双肩斜榫	应用于衣柜门、旁板或床屏木框的角接合处	
	插入圆榫	应用于各种斜角接合，但要求钻孔的准确性	
	插入板条	应用于断面小的斜角接合，插入板条可用胶合板或其他材料	

（4）箱框

箱框是由四块以上的板材构成的框体，常用的接合方式有燕尾榫、直角榫、钉接合等（图5-2-11）。

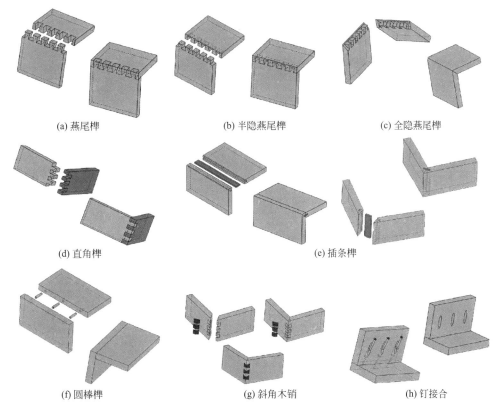

(a) 燕尾榫　　　　　(b) 半隐燕尾榫　　　　　(c) 全隐燕尾榫

(d) 直角榫　　　　　　　　(e) 插条榫

(f) 圆棒榫　　　　　(g) 斜角木销　　　　　(h) 钉接合

> 图5-2-11　箱框结构的接合方式

5.2.3　框式家具的结构设计

家具按结构形式的不同可分为框式家具和板式家具两种类型。

主要部件由框架或木框嵌板结构装配而成的家具称为框式家具。框式家具以实木为基材，主要采用框架或木框嵌板结构作为承力和支撑结构，嵌板主要起分割作用而不承重。我国家具结构有悠久而优良的传统，并形成了精练合理、实用美观而又具有民族特色的完整体系。其中，框式家具结构广泛应用于我国传统家具的设计中。

（1）桌几类家具

桌几类家具供人凭倚或伏案工作，并可储藏或陈放物品，如桌、几、台、案等。木质凭倚类家具主要由面板、支架、附加柜体和零件等构成。设计时，面板由于常显露在视平线以下，要求板面平整、美观，所有连接或接合不允许显露于外边。中国的古典家具，特别是明式家具在家具史上享有盛誉，以简洁而华贵著称，其独特的结构也给中外人士留下了深刻的印象。例如图5-2-12中所示的夹头榫平头案，在基本形式中属于最简单的一类，案为圆材，横枨两根，牙头稍经锼挖，略具卷云之形。案面与腿部采用夹头榫接合，这是案类家具常用的一种榫卯结构，四只足腿在顶端出榫，与案面底的卯眼相对拢，腿足的上端开口，嵌夹牙条及牙头，使外观腿足高出牙条及牙头之上。这种结构吸收了古代建筑中大木梁架结构的柱头做法，能使四只足腿将牙条夹住，并联结成方框，能使案面和足腿的角度不易改变，更加稳固，并把案面上的承重均匀地分散到四足上。

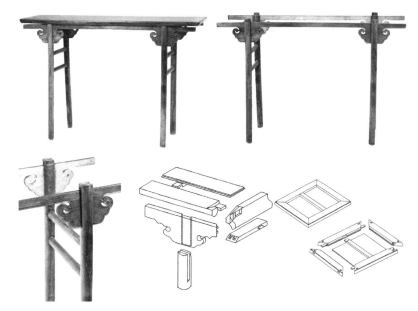

> 图5-2-12　夹头榫平头案结构图

（2）椅凳类家具

椅凳类家具是直接支撑人体的一类产品，如椅、凳、沙发等，一般由支架、座面、靠背板、扶手等零部件构成。椅凳类家具支架的结构是否合理，直接影响产品的使用功能和接合强度，支架由前、后腿通过望板和横挡的连接构成。

　　提到椅凳类家具，不得不提的是圈椅——明式家具的典型形式。圈椅由交椅发展而来。其结构构件主要包括椅圈、靠背板、联帮棍、座屉、前后椅腿、脚踏、枨子等，制作技艺达到了炉火纯青的境地。最明显的特征是圈背连着扶手，从高到低一顺而下，坐靠时可使人的臂膀都倚着圈形的扶手，感到十分舒适，颇受人们喜爱（图5-2-13）。

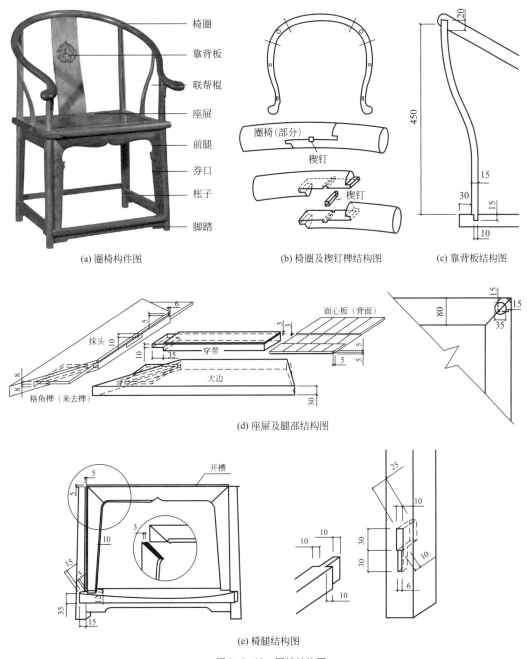

> 图5-2-13　圈椅结构图

5.2.4　板式家具的结构设计

　　人造板材（刨花板、中密度纤维板、胶合板等）作为一种新型工业板材，在家具制造中的广泛应用开创了家具工业现代化的崭新局面。这种材料不仅克服了天然木材的某些缺点，为家具的工业化生产提供了极大的便捷途径，而且从材料来源、幅面尺寸和加工性能方面来说，其对家具的设计和制造约束很少，因此家具设计师和制造商可以不受材料的限制，根据用户不同的需要，设计和制作功能实用、风格各异的家具（图5-2-14）。

> 图5-2-14　板式家具

（1）板式家具概述

　　现代板式家具，即通常泛指的拆装（KD，即Knock Down）家具和待装（RTA，即Ready-To-Assemble）家具，家具由板状部件连接构成，并由板状部件承受荷载及传递荷重，其产品的构造特征是标准零部件加上接口（五金件）组合而成。"32mm系统"成为板式家具的重要理论系统。每块标准零部件的尺寸误差，包括切削部分的加工，都要求控制在0.1～0.3mm范围内，从而达到了产品的互换性、通用性的技术标准要求。同时，产品不再以整件出厂、运输、销售，而是以全新的盒式包装形式发运至市场销售，消费者购买后根据产品使用说明书，通过简单的工具即可完成家具零部件的组装（图5-2-15）。这一生产方式，使产品的加工周期大为缩短，在产品的贮运方面产生了根本性的变革，从而增强了产品的竞争力，成为世界各国发展家具产品的主旋律。

　　与传统框式家具相比，板式家具有如下特点。第一，板式家具的主要用材为人造板材，人造板以各种木材剩余物等为主要原材料，经过一定的工业加工而成，从而减少木材浪费，提高利用率。第二，板式家具的板块之间通常由金属五金件连接，拆装方便，既方便运输，也方便安装。第三，板式家具的各种部件，多是机械加工制造，生产速度快；且外形设计多样化，具有多种贴面，颜色和质地方面的变化可给人以各种不同的感受。第四，实木家具容易受温度、湿度等因素的影响而易发生变形；但板式家具的板材打破了木材原有的物理结构，受温度、湿度影响不大，质量稳定。

> 图5-2-15 板式家具的包装形式

（2）板式家具的接合形式

现代板式家具摒弃了框式家具中复杂的榫卯结构，而寻求新的更为简便的接合方式，部件之间常依靠紧固件或连接件进行固定或拆装式的连接，且这种连接必须具有足够的强度而使家具不产生摇摆、变形，保证门、抽屉等的正常开启使用。常见的接合形式有圆（棒）榫、钉接合（包括木螺钉接合）、胶接合和五金连接件接合等（图5-2-16）。

> 图5-2-16 板式家具中偏心连接件与圆棒榫组合使用

圆榫，又称圆棒榫，根据表面状况的不同又分为光圆榫、直槽圆榫、螺槽圆榫、网槽圆榫（图5-2-17）。在现代家具，特别是在板式家具中，圆榫接合因其具有众多优点，已被普遍应用。《国家标准QB/T 3654-1999圆榫接合》中对圆榫的用料、含水率、工艺要求等都做了详细说明。在用料方面，圆榫应选用质地硬的树种，如水曲柳、桦木、柞木等；用料应纹理通直，无虫蛀、腐朽、节子、树脂囊、斜纹、裂缝

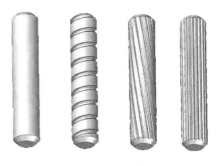

> 图5-2-17 圆棒榫

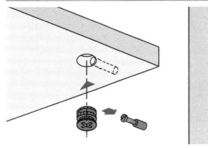

> 图5-2-18　偏心连接件

等缺陷；并进行干燥处理，其含水率应低于7%。在工艺要求方面，圆榫表面应光滑，有槽圆榫槽纹应清晰，榫端与孔底应保持0.5～1mm间隙；圆榫用于接合时，孔壁须施胶，胶黏剂可为脲醛树脂胶或聚乙酸乙烯酯胶等；多个圆榫接合中，圆榫间距优先采用32mm、64mm、96mm；圆榫直径应为相配板厚度的2/5～1/2。

板式家具中所使用的连接件种类相对较多，应用范围也较广，特别是近年各种新型连接件的不断出现，带来了家具结构的一次深刻变革，拆装家具和待装家具也因此有了很大发展。常用的连接件主要有：偏心连接件、塞孔螺母连接件、空心木螺钉连接件、圆柱螺母连接件、直角式倒刺螺母连接件、倒刺固定螺钉连接、膨胀销偏心连接件、搭扣式偏心连接件、倒钩式偏心连接件等。其中，金属偏心连接件在板式家具中应用最为广泛，由圆柱塞母、吊杆及塞孔螺母等组成。如图5-2-18中所示，偏心连接件吊杆的一端是螺纹，可连入塞孔螺母中，另一端通过板件的端部通孔，接在开有凸轮曲线槽内，当顺时针拧转圆柱塞母时，吊杆在凸轮曲线槽内被提升，即可实现两部件之间的垂直连接，具有结合强度高、不影响产品美观、拆装方便、孔位便于机械化加工等优点。

铰链是板式家具中重要的功能五金，是连接两个活动部件的主要结构件，主要用于柜门、箱盖等摆动开合。按照构造的不同，可以分为暗铰链和明铰链两种类型。暗铰链，安装时完全暗藏于家具内部而不外露，使家具表面清晰美观和整洁。其种类繁多，通常根据铰臂形式的不同，可分为直臂暗铰链（90°）、小曲臂暗铰链（110°）和大曲臂暗铰链（125°），以分别适用于全盖门、半盖门和嵌门（图5-2-19）。明铰链，通常称为合页，安装时合页部分外露于家具表面，板式家具中使用相对较少。

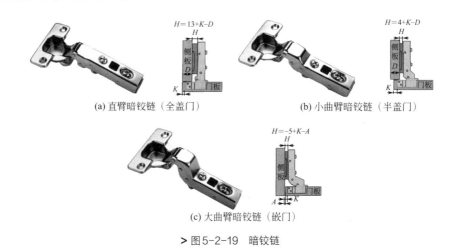

(a) 直臂暗铰链（全盖门）　　　　　(b) 小曲臂暗铰链（半盖门）

(c) 大曲臂暗铰链（嵌门）

> 图5-2-19　暗铰链

（3）32mm 系统

板式家具和 32mm 系统是两个不可分割的部分，由于在设计与制造过程中引进了标准化、通用化、系列化理念，因而"板件即产品"已成为板式家具制造中的一个亮点。正因为如此，32mm 系统将传统的家具设计与制造引入了一个新的境地，摆脱了传统的手工业作坊和熟练木工，使得家具的工业化生产得以实现，在不断满足现代工业化生产的同时，也充分地体现出多样化和个性化的特征。

32mm 系统是以 32mm 为模数，通过模数化、标准化的"接口"来构筑家具的一种结构与制造体系。可以通过此系统组装成采用圆榫胶接的固定式板式家具，或采用各类现代五金连接的拆装式板式家具。简而言之，"32mm 系统"就是指板件前后、上下需要的两孔间距为 32mm 的整数倍，接口处都在 32mm 方格网点上，从而保证实现模块化，并可用排钻一次打出，这样可提高效率并确保打眼的精度。

为什么要以 32mm 为模数？首先，这是根据排钻钻头之间的距离来定的，排钻齿轮之间啮合的轴间距离不小于 30mm，若小于这个间距，那么齿轮装置的寿命将受到影响，因而取整数为 32，为 2 的倍数，灵活多变。其次，欧洲人长期习惯使用英制为尺寸量度，对英制的尺度非常熟悉，若选用 1in（25.4mm）作为轴间距，显然与齿间距产生矛盾，因而选用下一个英制尺度是：$1\frac{1}{4}$in（1.25in=25.4mm+6.35mm=31.75mm），取其整数即为 32mm。第三，从数学方面考虑，与 30mm 相比较，32mm 是一个可作完全整数倍的数值，即它可以不断被 2 整除（$32=2^5$），这样的数值具有很强的灵活性和适应性，在模数化方面起着非常重要的作用，以它为基数，可以演化出许多变化无穷的序列。因此，综合考虑到上述各方面的因素，最终将孔距确定为 32mm，但值得强调的是板式家具中以 32mm 作为间距的模数并不表示家具外形尺寸是 32mm 的整数倍。

"32mm 系统"以旁板为核心。旁板是板式家具中最主要的承重部件，几乎所有的零部件都要与旁板发生关系，如面板要连接左右旁板，底板要安装在旁板上，搁板也要搁在旁板上，背板要插或钉在旁板上，抽屉的导轨也要固定在旁板上等。因此，"32mm 系统"中最重要的钻孔设计与加工都集中在旁板上，旁板的加工定位确定后，其他部件的相对位置也就基本确定了。

旁板前后两侧各设有一根钻孔轴线，轴线按 32mm 的间隙等分，每个等分点都可以用来预先钻安装孔，预钻孔可分为结构孔和系统孔（图 5-2-20）。

系统孔的孔洞分列于旁板的两边形成两列（system row），垂直坐标上，是装配门、抽屉、搁板等部件所必需的安装孔，每个孔径均为 5mm，孔深为 13mm，孔与孔之间的间距为 32mm。

结构孔设在水平坐标上，上沿第一排结构孔与板端的距离及孔径根据板件的结构形式与选用配件具体情况确定，一般结构孔孔径为 5mm、8mm、10mm、15mm、25mm，主要用于各种连接件的安装和连接水平结构板（顶板、底板、中搁板等）。前侧主轴线到旁板前侧的边距离为 37mm 或 28mm，若为嵌门，则应为 37mm 或 28mm 加上门厚度。

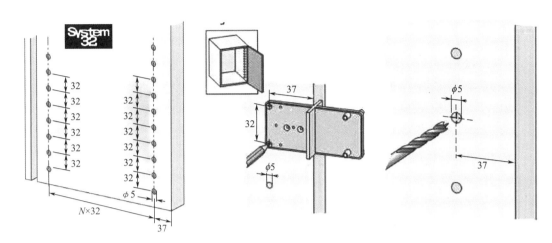

> 图5-2-20　32mm系统基本规范

　　"32mm系统"已经成为欧洲家具制造标准的核心，并应用于铰链底座、抽屉滑道、搁板等五金件的安装（图5-2-21）。

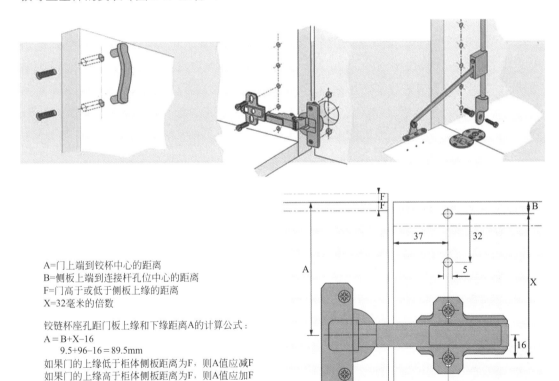

A=门上端到铰杯中心的距离
B=侧板上端到连接杆孔位中心的距离
F=门高于或低于侧板上缘的距离
X=32毫米的倍数

铰链杯座孔距门板上缘和下缘距离A的计算公式：
A = B+X−16
　　9.5+96−16＝89.5mm
如果门的上缘低于柜体侧板距离为F，则A值应减F
如果门的上缘高于柜体侧板距离为F，则A值应加F

> 图5-2-21　32mm系统在五金连件的安装中的应用

5.3　软体家具的结构设计

凡支撑面含有柔软而富有弹性的软体材料的家具都属于软体家具。软体家具以实木、人造板、金属等为框架材料，用弹簧、绷带、泡沫塑料等作为弹性填充材料，表面以皮、布等面料包覆而制成。软体家具通常分为坐具类软体家具和软体床垫两大类，一般包括沙发、软椅、软凳、软坐垫、软靠垫、床垫等。此外，还有充气或充水软体家具。软体家具是人们家居装修中的消费必需品，也是家具产业中最具竞争力的一类。

5.3.1　坐具类软体家具的结构

坐具类软体家具的典型代表是人们日常生活中所必不可缺少的沙发，它占据了起居室的重要位置，是家庭团聚、接待友人的重要家具。"沙发"是从国外流传到我国的一种软体家具，其不仅是一种利用率高的休闲坐具；而且还能使生活环境尽显庄重大方，让人们备感温馨与亲切，是现代家居生活中不可或缺的元素。

沙发的种类与款式多种多样，但就沙发的结构而言，产品都主要由框架（支架）结构及软层结构两大部分组成。

（1）框架结构

坐具类软体家具既要承受静载荷，又要承受动载荷以及冲击载荷。框架结构质量的好坏是决定产品使用寿命的重要因素之一。因此对框架的要求除了尺寸准确之外，结构的合理性也尤为重要。一般而言，坐具类软体家具除含有软体部分外，多数都有框架（支架）结构作为支撑，框架（支架）结构有传统的木结构、钢制结构、塑料成型结构以及钢木结合结构等，其中木结构最为常用。

> 图5-3-1　沙发木框架结构

木结构框架在材料的选择上，一般采用含水率在15%以下、无腐朽的、钉着力强的硬阔叶材或节子较少的松木；外露木框架部分，光洁平整，需加涂饰，接合处应尽量隐蔽；被包覆木框架部分，可稍微粗糙，无需涂饰，接合处不需隐蔽。在接合方式上，木结构的座框常采用圆钉接合、榫接合、木螺钉接合、螺栓接合和胶接合等形式（图5-3-1）。座框的四角通常与沙发脚连接，脚是受力集中的地方，它要承受沙发和人体的重量，所以常采用螺栓连接。坐垫框架和靠背框架的连接，因受力较大，一般采用榫接合，并涂胶加固或在框架内侧加钉一块10～20mm厚的木板，以增加强度，这部分的接合还可以采用半榫搭接和木螺钉固定。此外，在现代沙发制作过程中，实木与人造板相结合应用的沙发框架结构越来越多，人造板在内结构框架中主要起造型的作用，而实木则主要起到了加大结构强度的作用（图5-3-2）。

> 图5-3-2　实木与人造板相结合应用的沙发框架结构

（2）软层结构

　　沙发的软层结构是构成沙发的重要组成部分，同时也是定义沙发的主要依据。沙发的软层结构按照软体厚薄的不同，可以分为薄型软体结构和厚型软体结构两种。

　　薄型软体结构，也叫半软体结构，如用藤面、绳面、布面、皮革面、塑料纺织面、棕绷面及人造革面等材料制成的产品，也有部分用薄层海绵的（图5-3-3）。这些半软体材料有的直接纺织在座框上，有的缝挂在座框上，有的单独纺织在木框上再嵌入座框内。

> 图5-3-3　薄型软体结构

厚型软体结构可分为两种形式。一种是传统的弹簧结构，利用弹簧作软体材料，然后在弹簧上包覆棕丝、棉花、泡沫塑料、海绵等，最后再包覆装饰布面。弹簧有盘簧、拉簧、弓（蛇）簧等。另一种为现代沙发结构，也叫软垫结构。整个结构可以分为两部分，一部分是由支架蒙面或支架拉绷带而成的底胎；另一部分是软垫，由泡沫塑料（或发泡橡胶）与面料构成（图5-3-4）。

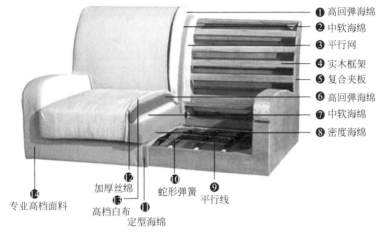

① 高回弹海绵
② 中软海绵
③ 平行网
④ 实木框架
⑤ 复合夹板
⑥ 高回弹海绵
⑦ 中软海绵
⑧ 密度海绵

⑭ 专业高档面料
⑬ 高档白布
⑪ 定型海绵
⑫ 加厚丝绵
⑩ 蛇形弹簧
⑨ 平行线

> 图5-3-4　厚型软体结构

5.3.2　软体床垫的结构

睡眠是维持生命不可缺少的环节。每个人的一生约有1/3的时间在睡眠，良好的睡眠能消除疲劳，休整身体各部位，维系生理平衡，增强免疫力。睡眠是调节人的中枢神经系统兴奋与抑制时产生的现象。休息时，为了使人的机体得到休息，中枢神经通过抑制神经系统的兴奋使人进入睡眠。休息得好与差取决于神经抑制的深度，也就是睡眠的深度。

根据相关研究发现，睡眠质量受生理因素、心理因素、物质环境等多方面因素影响。生理因素是指人身体本身产生的一系列症状。如身体健康状况对睡眠质量影响较大。心理因素是指人的感觉、知觉和情绪，例如因为突发事件造成的紧张、兴奋、惊恐等情绪因素都会对睡眠质量造成影响。物质环境因素是指除了人本身的因素以外其他一切物质及环境因素，例如睡眠空间的温度、湿度、照明、安静程度（噪声）以及床具的功能等。其中，床垫是床具系统中的重要组成部分。

软体床垫是为了保证消费者获得健康而舒适的睡眠而使用的一种介于人体和床之间的物品，是以弹簧及软体衬垫材料为内芯材料，表面罩有织物面料或软席等材料的卧具。软垫材料有三种基本类型：泡沫式、填充式和弹簧式。

泡沫软体床垫，也就是聚氨酯泡沫床垫，具有不发霉、不折断、重量轻、弹性好等优点，泡沫床垫触面能均匀分散压力，给人以较高的坐卧舒适度；当撤出压力后，床垫材料能立即恢复原状，且不会产生因弹簧和内部材料摩擦而出现噪声。泡沫材料具有良好的减震效果，即使任意翻身也不影响身边人的休息。如图5-3-5所示，泡沫床垫主要采用软质聚氨酯泡沫塑料，用热熔胶将各层结构胶结成整体床芯部分。

　　填充软体床垫，是利用具有弹性与韧性的软体材料，通过均匀铺装、展平和胶压成一定厚度后，再包覆面料等制成，如棕纤维弹性软床垫（图5-3-6）。此类床垫以使用山棕和椰棕居多，山棕的树干包覆棕片和棕板，这些棕片和棕板是制成床垫的棕纤维。棕纤维床垫的厚度一般比弹簧床垫的厚度薄，弹性和柔软度好，易于传热、吸湿和散发汗气与热量。

> 图5-3-5　泡沫软垫床垫　　　　　　　　　> 图5-3-6　棕纤维弹性软床垫

　　弹簧软体床垫，又称席梦思床垫，由弹簧芯两侧覆盖衬垫材料制成。根据床垫的三层构造原理，理想的弹簧床垫从下到上依次分为：弹簧芯、填充料（辅助材料）以及绗缝层（复合面料）。其中，填充料主要为两层结构，最下层为毛垫或毡垫，在弹簧芯上面保证床垫的结实耐用；上层为棕垫、乳胶或泡沫等软材料以保证床垫的舒适度和透气性（图5-3-7）。

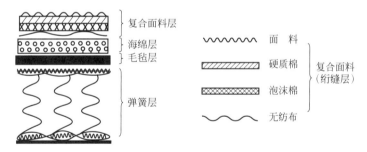

> 图5-3-7　弹簧床垫的三层结构

　　根据弹簧芯的不同，弹簧软体床垫可以分为中凹螺旋弹簧结构、袋装螺旋弹簧结构等形式。中凹螺旋弹簧结构，以中凹弹簧为主体，两面用螺旋穿簧或铁卡连接，整体硬度较高，睡感硬实，支撑性佳但弹性较不明显，若长期睡在固定位置或惯坐于床边和四角，易造成凹陷与弹性疲乏等现象。袋装螺旋弹簧结构，又称独立袋，就是将每一个独立体弹簧施压之后用无纺布袋子装填入袋，再加以连接排列，然后用胶黏合在一起就是一张床网。床网上面一般粘上海绵层，让每一袋弹簧都能够受力均匀，使用时感觉会更加舒适。每个弹簧均采用特强的钢丝曲绕成"桶形"，然后经过压缩工序，密封于坚韧的纤维袋内，以防止发霉或虫蛀，避免弹簧间因互相摩擦而摇动发出噪声（图5-3-8）。

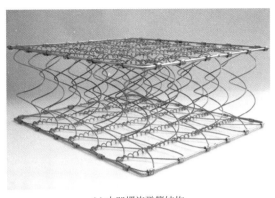

(a) 中凹螺旋弹簧结构　　　　　　　　　　　(b) 袋装螺旋弹簧结构

> 图5-3-8　弹簧软垫类型

5.4　金属家具的结构设计

金属家具是以铸铁、铝合金、不锈钢等金属薄壁管材、薄板材为主要构件的家具产品。金属构件由一个或多个具有特定用途和结构的零件组成，其结构形状、尺寸大小、材料以及加工方法的选择主要是根据家具的使用要求，比如强度、刚度、稳定性和其他性能标准来确定的。金属家具按其构件所用材料的不同，可以分为全金属家具（如保险柜、钢丝床、厨房设备、档案柜等）、金属与木材结合家具、金属与其他非金属材料结合家具等类型。按照结构形式的不同特点，金属家具可以分为固定式、拆装式、折叠式和叠积式等类型。

固定式结构主要指家具各部件间均采用焊接、固定铆接或咬接等形式装配而成，连接后不可以拆卸，各零部件之间也没有相对移动。此类产品形态稳定、牢固度好，有利于设计造型，但体积较大，增加包装运输等费用，有损产品的竞争能力。如图5-4-1中所示，该产品整体造型大气厚重，注重细节的塑造，座椅靠背精美的镂空雕花图案为原本单调的平板表面

> 图5-4-1　全金属固定式庭院家具

增添了一丝优雅的气质，而柔美的扶手曲线又具有很强的动感，打破了传统家具的呆板沉闷，给人一种华贵高雅、轻松明快的感觉。但该类家具在使用中由于受金属导热性能强的影响，常给人们带来诸如夏季就座时感觉过烫，而冬季则冰冷等种种不适感，因而常常与华丽舒适织物包覆的聚氨酯泡沫塑料海绵或乳胶海绵软垫搭配使用，加工方便，经久耐用，就座舒适，没有弹簧软垫凹凸不平的感觉。

拆装式结构是家具中最为常见的一种结构形式。它主要将家具分解成几大部件，各部件之间采用螺栓、螺母、螺钉以及其他连接件或夹紧固装置连接成，可以多次拆装。拆装式家具制造工艺简单，一方面，零部件加工精度高，互换性强，利于实现家具部件标准化、系列化；另一方面可缩小家具的体积，便于包装运输，减少库存空间，但如多次拆卸，易磨损连接件而降低牢固性和稳定性（图5-4-2）。

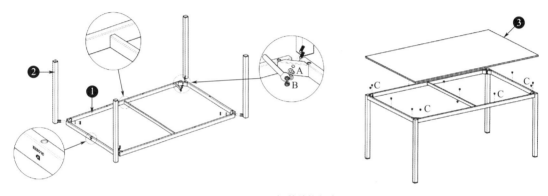

> 图5-4-2　拆装结构餐桌

折叠式结构。采用翻转或折合连接而形成的能够折动或叠放的家具统称为折叠式家具，此类家具运用平面连杆机构的原理，以铆钉、转轴等五金件将产品中各部分（杆件）连接起来（图5-4-3）。折叠式家具不用时可以折动合拢，占地空间小，便于携带、存放和运输；

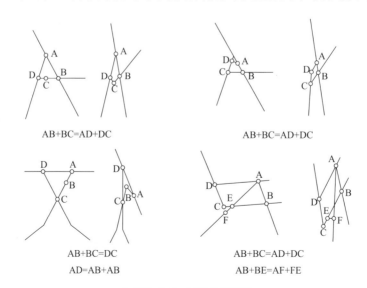

> 图5-4-3　折动点示意图

同时，由于其主要部位由许多折动点连接而成，因此其造型与结构受到一定的限制，不能太复杂。这种形式常用于桌、椅类等家具，适用于需要变换使用场所的公共场所或住房面积较小的居室。例如图5-4-4中所示的伸缩餐桌椅设计，产品拉伸后可以满足多人聚餐或进行其他活动；而收缩时餐桌尺寸适中，便于个人安享休闲时光。

> 图5-4-4　伸缩餐桌椅

　　叠积式结构，多件形式相同或样式相似的家具，在前后或者上下两个方向上相互容纳、便于叠积的产品叫作叠积式结构家具。此类结构的产品主要是按照叠积的功能要求而设计，这样既节约空间又便于搬运贮藏。同时，叠积结构对家具的加工和安装精度也提出了更高的要求，设计尺度越合理精确，堆叠的家具件数就越多，安全性与稳定性就越高。叠积式结构主要用于柜类、桌台类、床类和椅凳类家具，最常见的是椅凳类家具，设计的核心问题在于如何从家具脚架及脚架与背板空间中的位置上来考虑实现"叠"的方式（图5-4-5）。

> 图5-4-5　叠积式家具

课题训练

1.选取一件典型坐具，画出所有零部件图与装配图，正确标注其全部尺寸。

2.以实木为基材，设计一件木质家具，并画出其透视图、三视图、零部件图及其装配图。

3.基于"32mm系统"，以木质人造板为基材，设计一件柜类家具，并画出其透视图、三视图、零部件图及其装配图。

6

家具与室内陈设设计
的程序与方法

学习目标

1. 熟悉从设计前期调研、方案构思、设计
   实施到后期评价整个家具与陈设的完整
   流程。

2. 理解项目管理、客户沟通、预算控制在实
   际设计工作中的重要性，掌握室内空间规
   划、家具配置、配饰搭配等设计技巧。

3. 能够按照专业程序和方法独立完成一个完
   整的家具与陈设方案，同时学会批判性地
   评估和优化设计方案。

6.1　家具与室内陈设设计的程序

家具与陈设设计的完成是一个依次进行的过程，我们可以将这个过程分为设计需求研究与分析、设计战略与概念生成、设计与评估修改、设计深化与细节研究、生产施工、生产施工后续六个阶段。各个阶段之间有时需要反复循环、不断检验和逐步改进，才能完成设计的整个过程。

6.1.1　设计需求研究与分析阶段

当今社会发展迅速，人们生活的方方面面都在发生变化，经济、文化、环境等诸多方面的进步和变迁也造成人们的生活、工作等的方式及内容的改变。因此，不同的消费群体对于家具与陈设设计的需求也呈现出多元化的特点。

设计师面对设计需求的多元化，首要任务就是对设计需求进行研究与分析。在这个阶段应该以人的需求作为研究和分析的主体，只有了解人的需求和消费心理，才能使设计更好地服务于人，才能使设计更有意义。

对于消费主体的研究与分析可以从以下几个方面着手。

（1）消费者调研

不同的人面对同一件产品或者设计时会产生不同的认识和感受，这与消费者的年龄、性别、文化水平、工作背景、审美观念等诸多因素相关。因此，我们通过对消费者的调研，可以将其划分为不同的消费群体，研究目标群体的消费结构、消费心理、消费行为以及需求量等，以便于设计师能够更准确地定位市场，具有针对性地创造新产品和新设计。一般我们对于消费者情况的调研是通过网络或者现实问卷调查的形式进行的，而针对室内陈设设计的消费者调研通常要结合甲方提供的设计任务书来了解其前期意图。

（2）市场环境调研

对于市场环境的调研不仅是对该行业目前生存状态的考察，更重要的是调研国内外家具与陈设设计行业的发展趋势，尤其是在全球一体化的今天，更不能"闭门造车"，要资源共享、优势互补，这对于创新产品与设计是十分重要的。

（3）同类产品与设计调研

知己知彼才能百战不殆，进行市场调研不能只了解消费者需要什么，还要知道市场缺少什么。通过对同类产品和设计成果的功能、结构、外观、价格和市场占有率等问题的深入研究与把握，进一步发掘消费者未被满足的需求，寻求未来家具与陈设设计的创新突破口。

初步完成了设计需求相关调研工作后，需要对收集来的数据与信息资料进行分类归纳、系统整理与分析，整合成完整的分析图表和详细的调研报告，既可以为设计师的设计决策提供参考和依据，又便于指导新产品、新设计的进一步开发。

6.1.2　设计战略与概念生成阶段

经过上一阶段对于设计需求的调研与分析，可以对未来一定时期的市场供求规律和发展趋势做出合乎逻辑的判断和推测，同时针对调研所发现的问题以及消费者的需求，提出解决方案和初步设计概念。

（1）概念草图

在这一阶段设计概念的表达一般是通过设计草图的形式呈现，这是一种快捷、有效的表现手段。设计草图通常是利用铅笔、钢笔或彩色笔等徒手勾画的透视图，也可用三视图表现，必要时还应画出细部处理和色彩搭配。在运用草图表达设计概念的同时，还应考虑材料、结构、工艺等问题。草图绘制易于修改，可以不受任何制图标准的限制，有大致的视觉尺度和体量比例等即可（图6-1-1）。设计师可以将空间思维过程中产生的初步概念利用草图记录下来，并在不断反复的设计过程中使设计概念更加清晰和具体，而且这还是与甲方前期沟通时最便利、最直观的交流方式。

(a) 家具草图

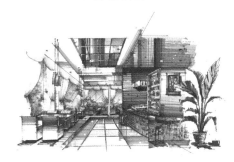

(b) 室内陈设设计草图

> 图6-1-1　手绘概念草图

（2）概念图片

利用图片素材表达设计概念的方式通常运用于陈设设计，在确定了具体风格之后，根据不同的空间类型与性质，选择相应的参考图片，包括家具、陈设品、色彩方案等，统一排版后便可以向甲方汇报、交流。由于图片能够将设计师的概念具体化，甲方很容易辨识和理解，可以更直观地感受设计师的意图，这对于设计方案的修改和确认有很大的帮助（图6-1-2）。

> 图6-1-2　概念图片

6.1.3　设计与评估修改阶段

经过设计构思的阶段，有了初步的概念，就进入到方案设计阶段。这个阶段是对构思阶段产生的备选方案和设计草图进行评估，通过优化筛选，找出最适合的设计方案。此时还要解决外观造型、基本尺寸、表面工艺、材料与色彩等问题，结合人体工程学参数，对产品的功能性、艺术性、技术性、经济性等进行全面权衡。

这个阶段的方案设计的表达可以通过设计图、效果图、模型、样品来实现。一般是在对草图进行筛选的基础上，画出方案图与彩色效果图等正式的设计图，表达产品的外观形态、色彩和材质质感，并有尺寸依据，且应给出多个方案设计，以便于评估，选择最佳方案。

设计评估是对各个方案按照一定的方式、方法对参与评估的要素逐一进行分析、比较和评价。同时，设计者与消费者应互相沟通，真正了解消费者的需求，并以此作为设计决策的重要参考资料；也可以从中了解消费者对设计评价的倾向和要求，从评价中找到满足消费倾向的设计表现手法，从而创作出满足消费者要求的设计。

6.1.4　设计深化与细节研究阶段

经过设计评估阶段对设计方案的筛选与评价，还需要对设计方案进一步深化和进行局部细节的研究。方案确认后，根据之前的草图整理绘制成CAD图纸，在图纸中将尺寸、结构、材料等表示出来。

对于陈设设计，应将所选择的物品整理填写进陈设品材料汇总表内，分别按照空间、位置、物品名称、数量、颜色、材质等内容填写，方便设计师对物品挑选。

6.1.5　生产施工阶段

（1）家具的生产施工

家具的生产施工阶段是方案设计的具体化和标准化的过程，是完成全部设计文件的阶段。这个阶段的主要工作包括各种生产施工图和设计技术文件的制订。

① 生产施工图

生产施工图是保障家具最终产品形象和品质的重要文件，也是新产品投入批量化生产的基本工程技术文件和重要依据。它主要以初步设计的说明书和图纸为依据，按照国家相关制图标准，根据技术条件和生产要求，对产品的全部尺寸、用料、结构、构造及加工工艺要求进行严密准确地绘制，用以指导生产。一套完整的施工图包括结构配装图、部件图、零件图、大样图等专业图纸。对于产品的表面材料、加工工艺、质感表现、色调处理等都应有说明，必要时还要附有样品。

② 设计技术文件

设计技术文件主要包括以下内容。

a.零部件明细表：是完成全部图纸后，用来汇集和说明构成家具全部零部件的名称、规格、数量、材料等内容的文件，其虽无统一格式，但基本内容大体一致。对于外协加工的零部件或外购五金件及其他配件，也应分别填写表格，便于管理。

b.材料计算明细表（用料清单）：主要根据零部件明细表和五金配件及外协（购）件明细表中所填写零件的数量、规格等内容，分别对产品生产施工中所使用的木材、钢材、铝合金、藤编、纺织布料等主要材料和玻璃、五金配件、胶料、涂料等辅助材料，按照一定的材料消耗定额进行合理的计算与分析，以备后用。

c.工艺技术要求与加工说明：是在对所设计的家具生产工艺分析的基础上，拟定该产品的生产工艺卡片和工艺流程图，合理安排企业生产计划。生产工艺卡片既是生产中的指导性文件，也是企业各部门生产准备、生产组织和经济核算的重要依据，在编制过程中，应根据零部件具体要求，将其生产中所用材料的种类及规格、设备、夹具等内容分别填写到卡片上，并根据各工序的具体要求确定最优的生产工艺规程，保证整个工艺过程的合理性和产品的加工精度。在对所有零部件的生产工艺卡片编号后，即可着手该家具的生产工艺路线图的设计工作。工艺路线图的编制应清楚地反映该产品整个生产工艺过程，以便提高生产设备的负荷率，同时使所有零部件尽量保持直线加工路径，避免出现环形或倒流等现象。

d.零部件包装清单与产品装配说明书：对于板式或框式等拆装式家具，一般都是采用板块纸箱实现部件包装、现场装配。每一件包装箱内都应有包装清单，此外，为了便于销售与使用，一般在产品包装箱内还应附有产品拆装示意图、产品装配与使用说明书以及备用五金配件、小型简易安装工具等。

e.产品设计说明书或设计研发报告书：新家具产品的开发与设计是一项系统工作，当产品开发设计工作完成以后，为了全面记录设计过程，系统地对设计工作进行梳理与总结，全面介绍和推广新型产品设计成果，为下一步产品生产作准备，需要编写产品设计说明书或产品开发设计报告书。设计说明书应至少包括产品名称、型号、规格，产品的功能特点与使用对象，产品外观设计的特点，产品对选材的规定，产品内外表面装饰内容、形式与要求，产品的结构形式，产品的包装要求等。产品研发报告书的内容应从设计项目的确定、市场调研与分析、设计定位与设计策划、初步设计草图创意、深化设计细节研究、效果图与模型（样品）、生产施工图等层层推进，最终展现整个产品开发设计的完整过程。

（2）陈设设计方案的实施

陈设设计方案的实施阶段就是对各种陈设品的布置和摆放的过程，需要作如下准备。

① 资料的准备：在实施工作之前，需要将之前订购的陈设品清单整理出来，按照清单上罗列的物品一一对照，检查物品的到货情况，以免疏漏。这样既方便物品的分类放置，也便于实施工作完成后向甲方移交物品。

② 人员的准备：一般有施工人员、设计工作人员和设计师。施工人员主要协助陈设物品的安装等工作，如挂画、安装灯具等；设计工作人员负责按照设计图纸的要求对陈设物品进行摆放布置；设计师负责对整个空间的陈设设计做全面统筹，保证取得理想效果。

③ 应急准备：主要是指应预先准备好备用陈设物品，以免因订购的物品不到位而影响甲方的使用，待货品到达后再进行更换。这样既能呈现设计的完整性，也保证了服务品质。

6.1.6　生产施工后续阶段

（1）家具生产施工后续阶段

通常生产施工图纸与设计技术文件完成后，整个设计便完成了。但从企业全局和追求设计效益的角度，家具企业产品的开发设计还应包括以下后续阶段。

① 生产准备：主要包括家具原辅材料的订货，场外协作加工单位的落实，设备的增补与调剂，专用模具、刀具的设计与加工，质量监控点的设置，专用检测量具与器材的准备等。

② 营销策划：在新家具设计完成后，需要通过一系列的营销策划手段将其尽快推向市场，获取大众的认可，扩大销售，提高经济效益。完整的营销策划应包括：目标市场定位，制定市场促销计划，确定产品定价与经销商利润分配；产品广告与包装策划设计，产品展示与店面陈列设计；产品销售服务及培训与规范等。

③ 试产试销：在完成生产准备和营销策划工作后，就可以按照图纸进行小批量试产，试产产品一般会被送往展览会、展销会、商场等场所，根据营销策划所制定的价格和宣传方式等进行推广，使其更快打入市场。

④ 信息反馈：新产品投放市场以后，应及时收集来自经销商和用户的反馈信息，或者主动上门回访和提供售后服务，以便将出现的问题和用户反馈等及时传达到设计部门，进而修改、完善设计方案，更好地为更多的用户提供服务，同时为企业创造更大的经济效益。

（2）陈设设计方案实施的后续阶段

陈设设计方案实施完成后，由于陈设设计方案的多样性以及个人审美情趣的差异性等原因，可能需要根据业主要求，多次进行设计方案的修改和优化。可能仅需要调整某件陈设物品，也可能会撤换，在遇到这种情况时，设计师应灵活应对，及时调整并保证取得良好效果。

随着陈设设计的后续工作的进行，不仅可以得到客户的反馈和建议，更重要的是能够吸取经验和教训，为下次更好的设计做足准备。

6.2　家具与室内陈设设计的类型与方法

6.2.1　设计的类型

（1）家具设计的类型

根据市场现有家具企业的经营模式、产品种类和市场营销定位的不同，一般可以将家具设计分为以下几种类型。

① 来样设计，也称订货设计，是受委托厂商按照来样厂商的需求与授权，根据特定的条件进行的设计，一般只包括家具的结构设计和生产工艺设计等。在整个过程中受委托厂商应

根据企业的实际情况，在不影响家具产品的外部造型、使用功能和其他相关要求的前提下，对来样的家具图片或造型方案进行分解深化，并按照国家相关标准、技术条件和生产条件精确地绘制出全套详细的施工图纸和设计技术文件，用以指导后续生产施工阶段的各项工作。

② 仿型设计，顾名思义就是模仿设计，是指在总体设计方案原理不变的情况下，通过直接模仿或间接模仿的方式，对市场上已有产品的造型、材料、工艺等方面作出局部修改设计。模仿是人类创造活动必不可少的初级阶段，通过模仿，可以启发思维，少走弯路，能迅速达到同等水平而赢得市场。因此仿型设计是一种重要的设计类型，可以制造出在性能、质量、价格等方面具有竞争力的产品。

③ 改型设计，也称变换设计，是指通过对现有产品的结构配置、尺寸、布局等要素进行修改设计，以增强产品功能，提高产品性能，降低成本，增加产品种类、规格、款式花色等。这种类型的设计较为常见，其能针对市场需求做出快速响应，满足不同用户需求。

④ 换代设计，是指在原有产品设计的基础上，采用或部分采用新技术、新材料、新工艺设计出来的新产品。换代产品与原有产品相比，在性能、质量等方面有了一定的改进和提高，适应了时代发展的步伐，也有利于满足消费者日益增长的物质需求，是一种大量存在的渐进性的创新设计类型。

⑤ 全新设计，也称创新设计或原创设计，是指充分发挥设计者的创造力，利用人类已有的相关科技成果进行创新构思，设计出在原理、技术、结构、材料或工艺等方面有重大突破的新型产品。这是一种全新的设计，也是现代科学技术新发明的一种创新应用。

⑥ 概念设计，是一种新颖、独特、能够引起消费者兴趣的探索性设计，它代表了一种产品发展的趋势或新的生活方式（消费观念），因此也称方式设计。它旨在满足人们近期或未来的需求，是设计者利用经验、洞察力及创新能力，对现有掌握的大量信息资料进行综合分析基础上得出的一系列创造性设计。就现在而言，这些设计可能难以实现，甚至是幻想，但却有可能是未来一种新的生活方式。

（2）陈设设计的类型

陈设设计是现代室内设计的重要组成部分，设计师需要根据不同空间的功能和性质进行设计，按照空间的不同功能和性质，大致可以将现代陈设设计分为以下几种类型。

① 居住空间的陈设设计

居住空间是最贴近我们的生活、情感的私密性空间，也是最能展现居住者个人审美与品位的空间，因此居住空间的陈设设计应注重舒适性、私密性以及个性化。

居住空间的陈设设计主要包括客厅、卧室、餐厅等几个区域，陈设品的选择以家具、织物、灯具以及装饰品为主，陈设风格应与室内装修风格相统一。一般来说，客厅属于家庭公共活动区域，在陈设设计时应综合考虑全家人的审美兴趣，营造亲切、放松的气氛（图6-2-1）。餐厅应多采用暖色调的织物或者器皿，能够调动食欲，营造温馨的就餐氛围。卧室相对来说私密性更强，在陈设设计时自由度较大，在风格统一的基础上，可以根据居住者的特点和爱好来布置，例如，儿童房的陈设品色彩更丰富，形式上更活泼（图6-2-2）；而老人房的色

> 图6-2-1　亲切温馨的客厅

> 图6-2-2　活泼的儿童房

> 图6-2-3　自由轻松的现代办公空间

彩通常比较沉稳，家具的选择也应符合老年人的使用特点。

现今人们对于居住环境的要求越来越高，对于窗帘、地毯、装饰品等易于更换的陈设品可以根据不同的季节、潮流或者个人喜好进行重新搭配和更换，营造多变而又温馨的居住空间。

② 办公空间的陈设设计

现代都市生活节奏加快，人们的工作压力也随之增加，良好的工作环境有利于缓解员工的压力，调节负面情绪，因此办公空间的陈设设计是十分重要的。现代办公空间的室内陈设设计的目的一是为员工创造舒适、方便、安全的工作环境，以提高员工的工作效率和工作热情，营造融洽的工作氛围；二是展示公司企业形象、实力和品位等，起到宣传的作用。

办公类空间从其属性上可分为行政性办公空间、商业性办公空间、综合性写字楼等类型，企业和部门的工作性质决定了该空间的陈设设计风格。行政性办公空间的陈设设计较为简洁，给人一种严谨、庄重之感。商业性办公空间在设计上突出企业形象，寻求个性化，让人感到更加自由和轻松（图6-2-3）。

③ 餐饮空间的陈设设计

经济水平的提高使现代人更加注重消费体验，到餐厅不仅是为了满足味蕾，对用餐环境也提出了更高的要求。近几年我国餐饮业发展迅速，餐饮空间的类型也更加多样化。对餐饮空间的陈设设计，要根据提供服务类型、目标客户群、投资额、经济效益来确定设计的风格，进而确定包房的数量和散座的座位数，并将其计算到经济指标中。同时设计师还应基于各类餐饮空间的营销战略和运营模式等，更好地利用陈设设计为各类餐饮空间服务。

餐饮空间的陈设设计应突出品牌文化内涵和个性特色，具有高度的识别性，以吸引更多消费者，实现利益最大化。如图6-2-4所示，这是一家位于东京的"爱丽丝梦游仙境"主题餐厅，餐厅内所有的陈设设计都为主题服务，让顾客置身童话"梦境"之中，获得独特的体验和感受。此外，也可以结合本土自然环境、地域文化、人文景观等进行陈设设计，使顾客享受美食的同时，更深入地品味当地特色。

针对不同类型的餐饮空间也应营造不同的氛围，如高档酒店应体现出高雅、华丽的环境特点，而快餐店则应利用简洁的陈设设计体现方便、快捷的特点。

> 图6-2-4 "爱丽丝梦游仙境"主题餐厅

④ 娱乐场所的陈设设计

娱乐场所是供人们进行公共性娱乐活动的空间，已成为人们聚会、放松和交际的重要选择。娱乐场所主要包括影剧院、KTV、酒吧、网吧、游戏厅等，也包括一些大型综合性的娱乐中心。

娱乐场所通常具有鲜明的特色，环境氛围热烈，陈设设计是营造气氛的重点。娱乐场所的陈设设计往往大胆、个性突出，如图6-2-5所示，KTV内部采用夸张的造型、大胆的配色，彰显个性，造就了别具一格的艺术效果。

> 图6-2-5 个性张扬的KTV

> 图6-2-6　爱马仕时尚女装店

⑤ 商业空间的陈设设计

商业空间的陈设设计主要是指大型商场、超市、专卖店等购物环境的设计，这些环境的陈设以商品为主体，通过不同的陈列方式，吸引顾客眼球，引导顾客消费。

现代商业空间的陈设设计是商品销售的重要手段之一，因此我们在进行陈设设计时首先应该考虑商品的展示，使之与顾客之间有交流与互动；其次需要考虑商品的类型，如服装的陈设应突出其品位（图6-2-6），珠宝首饰的陈设应显示出其珍贵等（图6-2-7）；最后还应与品牌形象相结合，起到宣传的效果。

⑥ 大型公共空间的陈设设计

大型公共空间主要包括会展中心、酒店、博物馆、影剧院等建筑空间的公共部分，是为人们提供交流学习、聚会、娱乐等的场所。

在公共空间中，通常会在重要的位置陈设一些大型的雕塑、绘画等具有代表性的艺术品，以给人们带来强有力的视觉冲击，形成整个空间的视觉中心。公共空间的陈设应注重简洁、大气，讲究气势，不宜过于复杂繁缛（图6-2-8）。

> 图6-2-7　珠宝专卖店

> 图6-2-8　杭州希尔顿酒店大堂

6.2.2　设计的方法

（1）家具的设计方法

① 通用设计法

通用设计在家具领域的应用主要是指在满足正常人使用的基础上，综合弱势群体（老人、儿童等）的使用需求和特点，使家具设计能够符合绝大多数人的需要。家具设计中的通用设计可以从人体尺寸、色彩、材质、表面处理和细节设计等方面着手。例如，对于家具高度、宽度等尺寸的确定，应结合人体工程学相关知识，选择适用范围更大的百分位，以方便不同人群使用。

② 模块化设计法

家具的模块化设计方法结合了系统的观点，将若干具有相同或不同功能且可以互换的模块，利用组合或分解的方法建立新的模块体系，从而形成不同规格、功能的家具产品。模块化家具产品＝通用模块＋专用模块＋模块接口，既是标准化设计，又是多样化设计。

③ 串行设计法

这是指从市场调查到研发与设计，再到投入生产与销售的过程呈"直线"形式，各步骤之间的信息传递以横向为主，是一种传统的产品开发与设计的方法。由于其难以形成纵向的信息关联，因此在设计初始阶段往往不能够全面考虑用户需求、生产、装配和使用等问题，会造成延长开发周期、增加成本等问题。

④ 并行设计法

并行设计法是在串行设计法和系统化、结构化设计的基础上发展而来的，是一种系统化的方法模式，与串行设计法的过程基本相同，但并行设计法始终保持各环节之间的信息交互，从而形成"环形"信息关系，有利于产品的研发与设计。

⑤ 创新设计法

设计的发展是不断创新的过程，并随着人类社会的进步逐渐走向成熟。如今的家具设计已不再是简单的造型设计或纯粹的艺术创作，而是基于社会、经济、文化、艺术、技术、材料、生理及心理等各方面因素的综合性的创造活动，以满足现代人日新月异的多样化需求，为现代人创新生活方式。创新设计包括造型创新、功能创新、内涵创新、绿色设计、仿生设计等，具体如下。

a.造型创新

家具的外观造型无疑是影响消费者购买倾向的最直观因素，因此造型的创新是家具创新设计最有效的途径之一。同时，家具设计始于造型设计，家具造型设计是家具设计的基础。家具的造型设计包括外观形式、色彩装饰、材质肌理三个要素。图6-2-9是设计师朱小杰为上海世博会中国馆设计的一款玄关，外形的创意来源于中国传统的翘头几，在形式上进行了简化，大胆采用了红色，增添了玄关的现代感。正如业内专家评价的那样，"它似乎没有任何中国的元素，没有任何中国符号，但是却很中国"，神似而形非。

> 图6-2-9　红色玄关

b. 功能创新

随着现代生活节奏的加快与生活方式的创新，人们需要创新功能的家具来满足生活的各种需求。家具的功能创新首先体现在现代家具功能的多样化上，如图6-2-10所

> 图6-2-10　bachelor chair

示，这是集座椅、熨衣板、梯子于一体的"bachelor chair"，这款多功能家具造型活泼，易于收纳且不占空间，非常适合小型空间使用。

家具的功能创新还体现在现代家具的可调节性，即家具可以根据不同的使用需求进行整体或者局部的调节，例如有的办公用椅可以调节靠背的倾斜度，适用于工作和休息两种状态，这样的设计也能够缓解都市白领的高强压力。

c. 内涵创新

现代人对于家具的需求逐渐从生理需求上升到更高层次的精神、情感的需求，因此我们对于现代家具的设计应更多地关注其设计内涵的发展与创新。现代家具设计常常借助隐喻的"修辞"手法来丰富家具的内涵，如朱小杰设计的"飞翔桌"，可以根据使用者的不同需求调节高度，既可以当茶几又可以当餐桌。设计师还独具匠心地将桌子的腿部设计成直升机的螺旋桨的造型，寓意自由升降，也与"飞翔桌"的特点相契合（图6-2-11）。

> 图6-2-11　飞翔桌

d. 绿色设计法

随着全球环境的日益恶化，人们对于环境的保护与可持续发展也更加重视，绿色设计的概念也迅速渗透到各个行业。如今绿色设计不再单指材料的天然、环保、无污染，而是逐渐形成了一套完整的、多元的设计概念与体系。绿色设计之于家具设计来说，就是基于"3R原则"，在设计、生产、销售、使用、回收利用等各个环节对环境和消费者进行损害最小的设计。

现代绿色家具设计的方法有很多，利用废弃物与现成品拼装而成的桌子，材料来源于废弃火车的橡木板，经过整理拼装后，散发出一种天然质朴的味道。还可以选择循环利用率高的材料，如速生自然材料（竹材、速生木材、藤条、植物秸秆等）、可循环再生材料（金属、玻璃、水泥、塑料等）作为家具的主要材料。如图6-2-12，水泥材质的书架有着坚实的雕塑感，营造出独特的空间氛围。在材料的选择时应注意扬长避短，重视家具材料的实用性。

现在比较流行的板式家具与可拆装式家具也采用了绿色设计法。这类家具可随意拆装，受空间限制较小，同时在生产、运输、销售、使用及回收再利用的各个环节也更加方便，这就提高了家具零部件的循环利用率，减少了对资源的消耗。

e. 仿生设计法

> 图6-2-12　水泥材质的书架

仿生设计是指人们在长期向大自然的学习中，受到各种自然形态的启发，并经过一系列的研究、联想、选择与改进之后，将其应用于家具整体或者部分结构与形态的设计之中。家具的仿生设计不仅赋予了家具生命与活力，更赋予其思想与情感。设计师将物质蕴含的一些特征，通过仿生的手法表现出来，让受众看到具有生命力与情感的家具设计，从而产生共鸣。

> 图6-2-13　蚂蚁椅

现代家具有很多仿生设计的经典案例，如丹麦家具设计大师安恩·雅各布森（Arne Jacobsen，1902~1971年）设计的蚂蚁椅（图6-2-13）、天鹅椅，都是模仿自然界的生物（蚂蚁、天鹅）的形态特征，结合现代材料与技术工艺的家具设计。

仿生设计还可以通过仿生物的功能、结构以及表面肌理与质感等方面表现出来。例如充气沙发、床垫等的设计，就是模仿了软质生物结构，提高了家具的抗震、缓冲、抗压等能力。

> 图6-2-14　巴斯库兰椅

仿生物的变现肌理与质感不仅体现在视觉上，同样还可以体现在触觉上。例如现代主义大师勒·柯布西耶设计的巴斯库兰椅，简洁轻巧，实用舒适，坐面与靠背采用模拟动物斑纹与肌理的材质，增加了其视觉冲击力与装饰性（图6-2-14）。

仿生家具设计不仅能够从视觉上带给人们新鲜感，还能够活跃空间氛围，为人们的生活带来生机与活力。但在进行仿生设计时应注重考虑使用者的心理、情感等各方面的需求，这样才能产生共鸣，更好地为使用者服务。

f. 希望点列举法

设计师在进行家具设计时常常会陷入没有想法、没有灵感的境地，希望点列举法可以很好地解决这个问题。希望点，顾名思义是人们对于一件家具产生的心理预期，是人类生理和心理需求的反映，也是人们对于美好事物的向往。

在设计时可以先一一列举出人们对于某件家具的愿望要求，如对于一件沙发来说，希望它是个单人位、造型活泼、色彩鲜艳、质地柔软、适用于休息休闲、既实用又美观等，然后再相应设计出几种不同的关于沙发的尺寸大小、造型、色彩、材质等的初步方案，最后经过反复地分析与对比，不断优化设计方案，设计出符合人们希望点的沙发。

希望点列举法是一种较为直接有效的设计方法，也是设计师进行创新设计的动力源泉。常用的列举法还有缺点列举法、特征点列举法等，这些方法的应用与希望点列举法类似，设计时应针对不同的问题选择正确的设计方法。

（2）陈设设计的方法

① 壁面陈设

壁面陈设的方法主要针对绘画、书法、摄影作品、壁画、壁毯、壁雕等以墙面作为陈设背景的平面艺术品。在这里墙面不仅指实体墙，还包括隔断、固定家具的立面等，这些都可以作为平面艺术品的陈设展示媒介。

平面陈设品的排列方式是壁面陈设的重点，例如，一个较大的陈设品通常陈列在墙面的几何中心，如果需要陈列多个艺术品，则应等距排列，力求整齐有序，边框上沿或下沿平齐；对于面积差别较大、风格也不同的艺术品，可以根据大小或风格特征排列，尽量做到和谐、有序，也可追求排列的节奏韵律感，体现个性化装饰效果。

② 橱架陈设

橱架陈设主要指利用书架、博古架、橱柜等家具作为展示背景的陈设，如工艺品、纪念品、收藏品、书籍等。橱架陈设方法既可以储存物品，也可以作为空间中的一种装饰，既实用又美观。

橱架陈设的陈设品数量、大小都由橱架分隔空间的大小决定，另外橱架家具的造型、色彩宜简单，否则容易喧宾夺主。一般来说，陈设品的数量不宜过多、过杂，在摆放时应将同类或相似的陈设品组成较有秩序感的排列，也可突出个别部分，以形成对比的生动之感。

③ 台面陈设

台面陈设是以建筑地面或家具台面为依托的陈设，主要针对雕塑、盆景、插花、烛台等体量较大的物品。除了建筑和家具台面以外，还涉及窗台、台阶、横梁等。由于这些空间兼具其他实用性功能，因此陈设品的放置不宜过多，必须考虑人的活动需求，避免产生不必要的困扰。

④ 悬吊陈设

悬吊陈设是指从屋顶或者天花板垂吊下来，而且没有落地连接的陈设。这种方法多用于灯具或者顶部的装饰性陈设，其最大的好处就是不占用下部空间，对人们的活动不会产生太大影响。

顶部的悬吊陈设可以丰富空间的层次感，营造出独特的视觉效果。但是出于安全性的考虑，轻质材料如织物、纸类、轻金属、薄木等制成的空间雕塑或装置成为最佳选择。

6.2.3　家具与陈设设计案例解析

（1）简约公寓设计

这是一个现代简约风格公寓设计，整体色调以沉稳的黑、白为主，家具形式简洁大方，线条流畅，突出功能性和舒适性。柔软的布艺为室内增添了一份温馨。家具的布置使空间通透流畅。各类简单的陈设品也为空间增添了一丝灵动，素雅而又清新。每一处细节都让人难忘，给人一种舒适温暖的感觉，展现了生活最本真的美好（图6-2-15）。

（2）"色彩之家"公寓设计

这套公寓住着一对夫妻和他们的两个儿子，他们想要通过热烈而丰富的色彩来表达对生活的热爱，所以无论是桌、椅、沙发、橱柜还是抱枕、地毯、家纺、灯具，都选择了缤纷而绚丽的颜色，各种家具形式和色彩的交织，让这个家既摩登又随意，既有趣又温馨，激起人无限的好奇与遐想（图6-2-16）。

> 图6-2-15　简约公寓设计

> 图6-2-16　色彩之家

（3）优我宝家庭文化成长中心

优我宝家庭文化成长中心是由旧厂房改造而成的大型儿童艺术美学乐园。空间的设计以海洋为主题，于方形的建筑内部开设大小各异的拱形门窗，曲线造型为整个设计增添了浪漫与梦幻之感。提取浪花、珊瑚等海洋元素，设计师打造出一场属于深海的神秘盛会。每一处细节都充满了海洋的韵味，使孩子们仿佛置身于一个真实的海洋世界中。这种独特的体验，让孩子们可以尽情地探索"海洋世界"，体悟海洋作为生命摇篮的伟大（图6-2-17）。

> 图6-2-17　优我宝家庭文化成长中心

（4）ICS爱越幼儿园

这是位于北京的一所幼儿园，风格简洁，色彩清新明亮，空间布局自由，符合幼儿的活动特点。幼儿园的设计理念结合园方的教学特色，以"玩中学""探索"为核心，进而在每一层空间中衍生出不同的创意。设计了高的、低的、宽的、窄的、亮的、暗的不同空间，孩子们可以创造并参与不同类型的游戏。设计师希望突破传统教学形态，以局部开放的灵动性，打造一种内与外独立而又互动的关系，教室内与走廊外的互联互现，让孩子们成为空间与教学环境的探索者。家具设计和布置充分考虑了幼儿的生理和心理特征，既实用、美观，又注重其安全性。该设计为孩子们提供了一个释放天性的自由场所，在这里他（她）们可以不断地探索和发现，快乐健康地成长（图6-2-18）。

> 图6-2-18　ICS爱越幼儿园

（5）喜茶——深圳龙华区大浪摩天轮店

　　这是一家位于深圳的喜茶专卖店，在咫尺天地间，通过各种艺术手法，独具匠心地创造出丰富多样的园林景致，使常居繁华闹市中的人们感受"中式园林"的别样之美，感知四季交错的变化和春秋草木的枯荣。人们可以不出城郭而获山水之怡，身居闹市而有临泉之乐。设计整体通过吊挂青松的手法，运用植物造景，融入现代极简的材质，打造别样的园林，构建一步一景的咫尺方亭，使身处其中的客人在惬意中感受中式庭院带来的片刻宁静与喜悦（图6-2-19）。

> 图6-2-19　喜茶专卖店

（6）新中式私厨会所设计

这是位于安徽合肥的一处私厨会所，设计师结合地域文化特色，将徽派建筑构件元素融合到设计之中，运用现代表现手法，并结合中国传统家具形式，如官帽椅、圈椅、条几等，使整个空间散发出令人沉醉的徽州古韵。对称的陈设布局，淡雅古朴的色彩，彰显出会所的沉稳与大气，细节之处无不流露出徽派文化韵味，这里既是私厨空间，同时也为现代都市中人提供了一个纯净的心灵栖息之地（图6-2-20）。

> 图6-2-20 新中式私厨会所

（7）上海亦鉴设计办公空间

这是上海亦鉴设计的办公室，空间中现代与复古元素相互碰撞，简单而又丰满，趣味横生。现代人被快节奏的工作生活所束缚，该设计希望将办公室打造成一方花田净土，让员工在其间耕耘、休憩，随心所欲地学习、创造。柔软的亚麻布面纯白沙发、中式复古的扶手椅、哑光质感的黑色吧台使整个空间充满了与"人"互动而产生的生活气息，形成一种自然的动态氛围（图6-2-21）。

> 图6-2-21　上海亦鉴设计办公空间

（8）四川泸州隐庐·桂里泊院度假酒店

隐庐·桂里泊院度假酒店以当代中式审美意境，将酒城泸州的千年文脉与桂圆林的自然之美交相融合，构筑起自然与人文低吟浅唱的生活空间。酒店无处不在的温馨雅致的氛围，以东方文化的延续，演绎着当代的新意。以"酒城"的文化符号为元素，保留传统的建筑韵味，以静自然的和谐理念，让来者心之所归。室内空间褪去过度的设计，用低调质朴的自然质感让空间变得温暖舒适、简洁纯净。温润的木质与质朴的石材互相补充，透射一种时光交织的宁静感。老窖的酒坛、器具演变成空间的灯具及艺术品，这也是对酒文化的传承与尊重。通过巧妙的设计将光影、天然材料和优雅的色调完美应用在空间之中，与室外景观形成互补（图6-2-22）。

> 图6-2-22　隐庐·桂里泊院度假酒店

课题训练

1.结合现代家具设计的方法，手绘出25个家具设计初步方案，并简单写出设计说明。

2.选择一组自己喜欢的家具与陈设案例进行设计分析，以PPT的形式展示出来。

3.选择任一空间类型做出室内陈设设计方案，并通过手绘或者彩色效果图的形式表现出来。

参考文献

[1] 吴智慧.室内与家具设计[M].北京：中国林业出版社，2005.

[2] 张绮曼，郑曙旸.室内设计资料集[M].北京：中国建筑工业出版社，1991.

[3] 胡景初，方海，彭亮.世界现代家具发展史[M].北京：中央编译出版社，2005.

[4] 李凤崧，于历战.家具设计[M].3版.北京：中国建筑工业出版社，2013.

[5] 许柏鸣.家具设计[M].北京：中国轻工业出版社，2011.

[6] 潘吾华.室内陈设艺术设计[M].北京：中国建筑工业出版社，1999.

[7] 黄艳.陈设艺术设计[M].合肥：安徽美术出版社，2006.

[8] 申黎明.人体工程学[M].北京：中国林业出版社，2010.

[9] 王敏.产品造型设计的"ATE"三维评价研究[D].武汉：武汉理工大学，2013.

[10] 陈梦瑶，张仲凤.木家具设计中的材质情感运用[J].木材加工机械，2016（6）：46-49.

[11] 王道静.家具五金发展及无框蜂窝板家具专用五金件研究[D].南京：南京林业大学，2011.

[12] QB/T 3654—1999.圆榫接合.

[13] 徐伟.基于负载状态下沙发座垫力学特性研究[D].南京：南京林业大学，2011.

[14] 吴智慧，徐伟.软体家具制造工艺[M].北京：中国林业出版社，2008.

[15] 周关松，吴智慧，匡富春，等.户外家具[M].北京：中国林业出版社，2013.

[16] 陈于书，徐伟.家具造型设计[M].北京：中国轻工业出版社，2021.

[17] 周峰家.家具造型设计[M].北京：清华大学出版社，2023.

[18] 孙德林.家具结构设计[M].北京：中国轻工业出版社，2020.

[19] 唐彩云.家具结构设计[M].北京：中国轻工业出版社，2022.

[20] 朱丹.家具设计与陈设[M].北京：中国电力出版社，2022.

[21] 叶翠仙，陈志元，林曾芬.家具设计：制图·结构与形式[M].2版.北京：化学工业出版社，2023.

[22] 郭琼，宋杰.定制家居终端设计师手册[M].北京：化学工业出版社，2020.